普通高等教育"十三五"规划教材

机械设计制造标准与标准化

李春燕　耿其东　编著

电子工业出版社

Publishing House of Electronics Industry

北京·BEIJING

内 容 简 介

标准和标准化是机械行业发展进程中不可或缺的部分,更是智能制造的根基。本书通过合理安排内容,从认识标准和使用标准,到制定标准,再到标准的实施,将机械设计与制造过程中用到的标准贯穿其中,旨在让读者明确标准的概念,养成遵守标准的习惯,掌握标准的应用方法,提高标准的应用能力,实现读者在学校和企业间的无缝对接。本书从标准的概念、体系入手,讲解常用机械制造相关标准的内容和使用方法,以及现有三维建模、装配、工程图和数字化定义的相关标准及其应用,说明标准文本的撰写要求,最后介绍了企业标准的内容,制定实施标准的流程。通过从认识到应用、从使用到制定的讲授方法,使读者逐步实现对标准的全方位掌握。

本书适合机械设计与制造及自动化专业的本科生学习,也可作为机械制造企业工程技术人员的参考书。

未经许可,不得以任何方式复制或抄袭本书之部分或全部内容。
版权所有,侵权必究。

图书在版编目(CIP)数据

机械设计制造标准与标准化 / 李春燕,耿其东编著. —北京:电子工业出版社,2020.8
普通高等教育"十三五"规划教材
ISBN 978-7-121-39405-8

Ⅰ. ①机⋯ Ⅱ. ①李⋯ ②耿⋯ Ⅲ. ①机械设计-高等学校-教材②机械制造-高等学校-教材
Ⅳ. ①TH②TP271

中国版本图书馆 CIP 数据核字(2020)第 153669 号

责任编辑:许存权
文字编辑:刘家彤
印　　刷:三河市鑫金马印装有限公司
装　　订:三河市鑫金马印装有限公司
出版发行:电子工业出版社
　　　　　北京市海淀区万寿路 173 信箱　邮编 100036
开　　本:787×1 092　1/16　印张:10　字数:256 千字
版　　次:2020 年 8 月第 1 版
印　　次:2020 年 8 月第 1 次印刷
定　　价:49.00 元

凡所购买电子工业出版社图书有缺损问题,请向购买书店调换。若书店售缺,请与本社发行部联系,联系及邮购电话:(010)88254888,88258888。
质量投诉请发邮件至 zlts@phei.com.cn,盗版侵权举报请发邮件至 dbqq@phei.com.cn。
本书咨询联系方式:(010)88254484,xucq@phei.com.cn。

FOREWORD 前言

不以规矩，无以成方圆。自古以来，标准和标准化工作都是促进技术进步、改进产品质量、提高社会经济效益的重要手段。我国于 1988 年制定《中华人民共和国标准化法》，于 2017 年年底修订；2015 年，我国实施制造强国战略第一个十年行动纲领；2016 年，浙江省把"标准强省"列为"十三五"规划中"三强"之首，全面实施标准化战略。制造业是国民经济的主体，是立国之本、兴国之器、强国之基。标准和标准化工作一直是制造业的基石，标准的使用能力有助于促进制造过程的数字化、智能化，实现中国速度向中国质量的转变，标准的制定能力有助于提升国家地位，实现中国产品向中国品牌转变。"定标准者定天下"，对刚刚开始学习专业知识的年轻人来说，有必要树立标准意识，养成遵守标准、执行标准的习惯，为以后成为标准的制定者打下基础。

在机械设计制造过程中用到的标准众多，本书基于打基础的角度，将读者初学机械专业知识时常用的一些标准作为学习内容，参照产品设计制造流程来安排顺序，将标准和标准化知识与机械专业知识有机结合，按认知流程安排章节，是一本以突出标准为特色的机械类基础教材。

随着计算机信息化技术与手段的不断发展和完善，我国机械制造业中 95%以上的大、中型企业，开始用计算机进行产品的三维建模，并已经基本替代或完全替代了计算机二维设计制图和传统的手工设计制图。本书根据最新的国家标准撰写，参考了三维设计建模、三维设计制图的相关标准，将最新的技术要求编入教材，为读者学习和研究建立三维模型、绘制三维设计图样等提供参考。

本书由盐城工学院原副校长刘德仿研究员提出编写规划，由机械工程学院副院长陈青副教授和孙俊兰教授编写大纲，由李春燕、耿其东、张侃楞等老师负责编写。全书共 10 章，第 1 章、第 2 章、第 6 章、第 7 章由李春燕副教授编写；第 3 章由张侃楞高级工程师编写；第 4 章、第 5 章、第 8 章、第 9 章、第 10 章由耿其东老师编写，全书由李春燕统稿。

本书的前期工作得到了 SAC/TC146/SC3 主任、西安融军通用标准化研究院杨东拜研究员、盐城工学院副校长王资生教授、机械工程学院院长周海教授等专家的大力支持与帮助，且得到江苏省 2019 年高等教育教改重点立项研究课题"适应长三角一体化的应用型高校人才培养体系研究"（2019JSJG021）和盐城工学院教材基金资助，在本书正式出版之际，一并表示感谢。

在本书的编写过程中，编者力求严谨，突出特色，同时参阅了大量国内外有关标准和研究成果，并得到了电子工业出版社的大力支持，在此一并感谢。由于编者水平有限，书中难免存在疏漏与不足之处，恳请各位专家和读者批评指正。

编 者
于盐城工学院

CONTENTS 目录

第1章　标准化的概念和发展 (1)
　1.1　标准化的发展历程 (1)
　1.2　标准化的定义和属性 (4)
　　1.2.1　术语和定义 (4)
　　1.2.2　标准化的目的和层次 (4)
　　1.2.3　标准化的形式 (4)
　1.3　标准的定义和属性 (5)
　　1.3.1　术语和定义 (5)
　　1.3.2　标准的分类 (6)
　　1.3.3　标准的等级及其代号 (6)
　1.4　标准化对企业的重要作用 (8)
　1.5　学习和研究标准的意义 (9)
　习题 (10)

第2章　互换性与优先数 (11)
　2.1　互换性 (11)
　　2.1.1　互换性的起源 (11)
　　2.1.2　互换性的含义和分类 (11)
　　2.1.3　互换性的意义 (12)
　2.2　零件的误差和公差 (12)
　　2.2.1　误差与公差 (12)
　　2.2.2　加工误差 (12)
　　2.2.3　公差 (14)
　　2.2.4　公差与误差的区别和联系 (14)
　2.3　优先数和优先数系 (14)
　习题 (17)

第3章　极限、公差与配合 (18)
　3.1　有关孔、轴及尺寸的术语和定义 (18)
　3.2　有关偏差和公差的定义 (19)

3.3 有关配合的定义 …………………………………………………………………………（20）
3.4 标准公差系列 …………………………………………………………………………（22）
3.5 基本偏差 ………………………………………………………………………………（24）
3.6 配合制 …………………………………………………………………………………（25）
3.7 国家标准规定的公差带与配合 ………………………………………………………（30）
3.8 公差与配合的选择 ……………………………………………………………………（32）
习题 ……………………………………………………………………………………………（34）

第4章 几何公差 …………………………………………………………………………（35）
4.1 有关术语及定义 ………………………………………………………………………（35）
4.2 几何公差的特征、符号和标注 ………………………………………………………（36）
4.3 几何公差的定义 ………………………………………………………………………（39）
  4.3.1 形状公差 …………………………………………………………………………（39）
  4.3.2 方向公差 …………………………………………………………………………（43）
  4.3.3 位置公差 …………………………………………………………………………（49）
  4.3.4 跳动公差 …………………………………………………………………………（52）
4.4 公差原则 ………………………………………………………………………………（54）
  4.4.1 术语和定义 ………………………………………………………………………（54）
  4.4.2 独立原则 …………………………………………………………………………（54）
  4.4.3 相关要求 …………………………………………………………………………（55）
4.5 几何公差的选择 ………………………………………………………………………（57）
习题 ……………………………………………………………………………………………（59）

第5章 表面粗糙度 ………………………………………………………………………（60）
5.1 概述 ……………………………………………………………………………………（60）
  5.1.1 表面轮廓概述 ……………………………………………………………………（60）
  5.1.2 表面粗糙度概述 …………………………………………………………………（61）
  5.1.3 表面粗糙度对零件使用性能的影响 ……………………………………………（61）
5.2 一般术语 ………………………………………………………………………………（62）
  5.2.1 取样长度 …………………………………………………………………………（62）
  5.2.2 评定长度 …………………………………………………………………………（62）
  5.2.3 中线 ………………………………………………………………………………（62）
5.3 表面粗糙度的评定参数 ………………………………………………………………（63）
  5.3.1 轮廓算术平均偏差 ………………………………………………………………（63）
  5.3.2 最大轮廓高度 ……………………………………………………………………（63）
  5.3.3 轮廓单元的平均宽度 ……………………………………………………………（64）
5.4 评定参数的数值规定与选择 …………………………………………………………（64）
5.5 表面粗糙度的标注 ……………………………………………………………………（65）
  5.5.1 表面粗糙度符号 …………………………………………………………………（65）
  5.5.2 表面粗糙度代号 …………………………………………………………………（66）

5.5.3 表面粗糙度代号在图样上的标注 ·· (66)
习题 ··· (68)

第6章 三维设计建模 ··· (69)

6.1 三维建模通用要求 ·· (69)
6.1.1 有关术语和定义 ·· (69)
6.1.2 三维数字模型的分类 ··· (70)
6.1.3 三维数字模型的构成 ··· (70)
6.1.4 三维建模通用要求 ·· (70)
6.1.5 三维数字模型文件的命名原则 ··· (70)
6.1.6 三维数字模型检查 ·· (71)
6.1.7 三维数字模型管理要求 ··· (71)

6.2 三维零件建模 ·· (71)
6.2.1 有关术语和定义 ·· (71)
6.2.2 总体原则和总体要求 ··· (72)
6.2.3 建模一般原则 ·· (73)
6.2.4 详细要求 ··· (73)
6.2.5 模型简化 ··· (80)
6.2.6 模型检查 ··· (81)
6.2.7 模型发布与应用 ·· (81)

6.3 装配要求 ··· (81)
6.3.1 有关术语和定义 ·· (81)
6.3.2 通用原则 ··· (81)
6.3.3 总体要求 ··· (82)
6.3.4 装配层级定义原则 ·· (82)
6.3.5 装配约束的总体要求 ··· (82)
6.3.6 装配结构树的管理要求 ··· (84)
6.3.7 装配建模的详细要求 ··· (84)
6.3.8 装配模型的封装 ·· (87)

6.4 数字样机 ··· (87)
6.4.1 有关术语和定义 ·· (87)
6.4.2 数字样机分类 ·· (87)
6.4.3 数字样机构成 ·· (87)
6.4.4 数字样机建构总体要求 ··· (88)
6.4.5 数字样机构建详细要求 ··· (89)
6.4.6 数字样机应用 ·· (90)

习题 ··· (91)

第7章 三维设计制图 ··· (92)

7.1 制图要求 ··· (92)

  7.1.1　有关术语和定义 (92)
  7.1.2　总体要求 (93)
  7.1.3　一般要求 (93)
  7.1.4　数据集识别与控制 (94)
 7.2　图样配置 (94)
  7.2.1　图纸幅面和格式 (94)
  7.2.2　标题栏 (96)
  7.2.3　明细栏 (96)
  7.2.4　附加符号 (97)
  7.2.5　复制图的折叠方法 (97)
 7.3　设定要求 (98)
  7.3.1　比例 (98)
  7.3.2　字体 (98)
  7.3.3　图线 (99)
 7.4　画法要求 (100)
  7.4.1　视图 (100)
  7.4.2　剖视图和断面图 (102)
 7.5　尺寸和公差注释 (104)
  7.5.1　尺寸注释 (104)
  7.5.2　公差注释 (106)
 7.6　指引线和基准线 (107)
  7.6.1　指引线的表达 (107)
  7.6.2　基准线的表达 (107)
  7.6.3　注语的表达 (108)
  7.6.4　指引线和基准线应用说明 (108)
  7.6.5　三维装配图中指引线与基准线的要求与编排方法 (109)
 7.7　设计符号 (110)
  7.7.1　几何公差的应用 (110)
  7.7.2　表面结构的表示 (111)
 习题 (111)
第8章　结构特征和标准件 (113)
 8.1　螺纹 (113)
 8.2　螺栓 (115)
 8.3　螺母 (116)
 8.4　垫圈 (117)
 8.5　双头螺柱 (118)
 8.6　螺钉 (118)
 8.7　键和花键连接 (119)

8.8 销连接 ··· (120)
8.9 滚动轴承 ··· (121)
8.10 弹簧 ··· (122)
8.11 行业标准件 ·· (123)
习题 ··· (123)

第9章 标准的结构与编写规范 ··· (125)
9.1 标准编写的基本要求和原则 ··· (125)
    9.1.1 标准编写的基本要求 ··· (125)
    9.1.2 标准编写的原则 ··· (125)
9.2 标准的结构 ··· (126)
    9.2.1 标准内容的划分 ··· (126)
    9.2.2 标准的层次 ··· (127)
9.3 标准的主体要素 ·· (128)
    9.3.1 封面 ··· (128)
    9.3.2 目次 ··· (129)
    9.3.3 前言 ··· (129)
    9.3.4 引言 ··· (130)
    9.3.5 范围 ··· (130)
    9.3.6 引用文件 ··· (131)
    9.3.7 术语和定义 ··· (131)
    9.3.8 符号、代号和缩略语 ··· (132)
    9.3.9 分类、标记和编码 ·· (132)
    9.3.10 要求 ··· (132)
    9.3.11 附录 ··· (132)
    9.3.12 参考文献 ·· (132)
    9.3.13 索引 ··· (133)
    9.3.14 标准的终结线 ·· (133)
9.4 要素的表述及编写规则 ·· (133)
    9.4.1 条款表示所用的助动词 ··· (133)
    9.4.2 提及标准本身的具体内容 ·· (134)
    9.4.3 图 ·· (134)
    9.4.4 表 ·· (134)
    9.4.5 标准中的注 ··· (134)
    9.4.6 重要提示 ··· (135)
9.5 采用国际标准 ··· (135)
    9.5.1 采用国际标准的定义 ··· (135)
    9.5.2 与国际标准一致性程度的划分 ··· (135)
    9.5.3 编写内容 ··· (136)

习题 ……………………………………………………………………………………………… (137)
第 10 章　企业标准体系的内容、制定和实施 ……………………………………………… (138)
　10.1　企业标准体系 …………………………………………………………………………… (138)
　　　10.1.1　构建企业标准的原则和方法 …………………………………………………… (138)
　　　10.1.2　企业标准体系结构图 …………………………………………………………… (140)
　　　10.1.3　企业标准明细表 ………………………………………………………………… (142)
　10.2　产品设计知识的获取和应用 …………………………………………………………… (142)
　　　10.2.1　产品设计知识的获取 …………………………………………………………… (142)
　　　10.2.2　知识的表示和处理 ……………………………………………………………… (143)
　　　10.2.3　标准的信息化——二次开发技术 ……………………………………………… (145)
　10.3　标准的制定与实施 ……………………………………………………………………… (146)
　　　10.3.1　标准的制定原则和范围 ………………………………………………………… (146)
　　　10.3.2　标准的制定程序 ………………………………………………………………… (146)
　　　10.3.3　实施标准、监督检查和自我评价 ……………………………………………… (147)
　　习题 ……………………………………………………………………………………………… (148)
参考文献 ………………………………………………………………………………………… (149)

第1章 标准化的概念和发展

人类的生产生活离不开标准和标准化。通过本章的学习，读者可以了解标准化的发展历程，理解标准化的定义和属性，理解标准的定义和属性，了解标准化对企业的作用，了解学习标准的意义。

本章内容涉及的相关标准主要有：
- GB/T 20000.1—2014《标准化工作指南 第1部分：标准化和相关活动的通用术语》。

1.1 标准化的发展历程

1. 古代标准化

标准化是人类由自然人进入社会共同生活的必然产物，它随着生产的发展、科技的进步和生活质量的提高而产生、发展，受生产力发展的制约，同时又为生产力的进一步发展创造条件。

人类从原始的自然人开始，在与自然的生存搏斗中为了交流感情和传达信息，逐步出现了原始的语言、符号、记号、象形文字和数字。从第一次人类社会的农业、畜牧业分工开始，由于物资交换的需要，人们要求遵守公平交换、等价交换原则，决定度量衡单位和统一器具标准，度量器具逐渐从人体的特定部位或自然物转换为标准化的器具。当人类社会第二次产业大分工，即农业、手工业分化时，为了提高生产率，工具和技术的规范化就成了迫切需求，从青铜器、铁器上可以看到当时科学技术和标准化水平的发展，如春秋战国时期的《考工记》中就有青铜冶炼配方、30项生产设计规范和制造工艺要求，如用规校准轮子圆周；用平整的圆盘基面检验轮子的平直性；用垂线校验条幅的直线性；用水的浮力观察轮子的平衡，同时对用材、轴的坚固性与灵活性、结构的坚固程度和适用性等都做了规定，不失为严密而科学的车辆质量标准。

李时珍在《本草纲目》中对药物、特性、制备工艺等进行了整理，可视为标准化"药典"。秦统一六国后，用政令对度量衡、文字、货币、道路、兵器进行大规模的标准化，用律令如《工律》《金布律》《田律》等规定"与器同物者，其大小长短必等"，集古代工业标准化之大成。宋代毕昇发明的活字印刷术，运用了标准件、互换性、分解组合、重复利用等标准化原则，更是古代标准化的里程碑。

2. 近代标准化

近代标准化阶段以机器生产、社会化大生产为基础。科学技术适应工业的发展，为标准

化提供了大量生产实践经验，也为之提供了系统实验手段，摆脱了凭直观和零散的形式对现象进行表述和总结的阶段，从而使标准化活动进入了定量地以实验数据为依据的科学阶段，开始通过民主协商的方式在广阔的领域推行工业标准化体系，并将之作为提高生产率的手段。

近代工业标准化开始于 18 世纪末，英国出现的纺织工业革命标志着工业化时代的开始。大机器工业生产方式促使标准化发展成为有明确目标和有系统组织的社会性活动。

1798 年，美国的艾利·惠特尼发明了工序生产方法，并设计了专用机床和工装用以保证加工零件的精度，首创了生产分工专业化、产品零件标准化的生产方式，惠特尼因此被誉为"标准化之父"。

1841 年，英国人 J.B.惠特沃思设计了被称为"惠氏螺纹"的统一制式螺纹，因其具有明显的优越性，很快被英国及至欧洲采用。其后，美国、英国和加拿大协商将惠氏螺纹和美国螺纹合并成统一的英制螺纹。接着，英国人提出统一螺钉和螺母的型式和尺寸，为进一步实现互换性创造了有利条件。

1902 年，英国纽瓦尔公司出版了纽瓦尔标准——极限表，这是最早出现的公差制。1906 年，英国颁布了国家公差标准。此后，螺纹、各种零件和材料等也先后实现了标准化，成百倍地提高了劳动生产率。

1911 年，美国的泰勒发表了《科学管理原理》，把标准化的方法应用于制定"标准作业方法"和"标准时间"，开创了科学管理的新时代，通过管理途径进一步提高了生产率。

在一系列标准化和科学管理成就的基础上，美国福特汽车公司在 1914~1920 年间，打破了按机群方式组织车间的传统做法，创造了汽车制造的连续生产流水线，采用基于标准化的流水作业法，把生产过程中的时间和空间统一组织起来，促进了大规模流水线生产的发展，极大地提高了生产效率。

随着各种行业分工的发展，机器大工业化进程的深入，各种学术团体、行业协会等组织纷纷成立。1901 年诞生了世界上第一个国家标准化组织——英国工程标准委员会。之后，在不长的时间内，先后有 25 个国家成立了国家标准化组织。

第二次世界大战期间，由于军需品的互换性很差，规格不统一，致使盟军的供给异常紧张，许多备件要从美国运往欧洲战场，造成了极大的损失。为此，军需部门再度强调标准化。二战期间，美国声学协会制定了军用标准程序。制定了一批军工新标准，修订了老标准，促进了军事工业的发展。

1946 年，英国、中国、美国、法国等 25 个国家的国家标准化组织在伦敦发起并成立了国际标准化组织（ISO）。1961 年，欧洲标准化委员会（CEN）在法国巴黎成立。1976 年，欧洲电工标准化委员会（CENELEC）在比利时布鲁塞尔成立。那个时期，各个国家基本都处于战后恢复重建的过程中，恢复经济发展是首要目标，各国已经认识到了标准对于经济发展的重要性，因此纷纷加大对标准化的投入力度，标准在那个时期迅速发展也就不足为奇了。

3．现代标准化

现代工业，由于生产和管理高度现代化、专业化、综合化，这就使现代工业产品或工程、服务具有明确的系统性和社会性，一个工业产品或工程、过程和服务，往往涉及几十个行业、几万个组织及许多科学技术，从而使标准化更具有现代化特征。

随着经济全球化不可逆转的发展，特别是信息技术高速发展和市场全球化的需要，要求标准化摆脱传统的方式和观念，不仅要以系统的理念处理问题，而且要尽快建立与经济全球化相适应的标准化体系，不仅工业标准化要适应产品多样化、中间（半成品）简单化（标准化）乃至零部件及要素标准化的辩证关系的需求，而且随着生产全球化和虚拟化的发展，以及信息全球化的需要，组合化和接口标准化将成为标准化发展的关键环节；综合标准化、超前标准化的概念和活动将应运而生；标准化的特点从个体水平评价发展成整体、系统评价；标准化的对象从静态演变为动态、从局部联系发展到综合复杂的系统。

现代标准化更需要运用方法论、系统论、控制论、信息论和行为科学理论来指导，以标准化参数最优化为目的，以系统最优化为方法，运用数字方法和电子计算技术等手段，建立与全球经济一体化、技术现代化相适应的标准化体系。

标准国际化的起步并不是在新世纪才开始的，应该说在国际经济贸易交流之初就意味着标准的国际化的开始。进入新世纪之后，标准的国际化得到了迅速发展。主要源于两方面原因——正在迅速兴起的世界范围的新技术革命和以WTO为标志的经济全球化。一方面，信息技术的迅速发展除拓宽了标准制定的领域（生物工程、人工智能、机器人、新材料等新兴领域）之外，也加大了各国标准之间的联系，并且缩短了标准制定的时间，推动了标准化的发展；另一方面，各国贸易交往频繁，经济一体化发展的趋势不可避免，国际贸易的扩大、跨国公司的发展、地区经济的一体化，都直接影响着世界各国的标准化。伴随着信息技术革命及经济全球化的发展，各国都在积极地参与国际标准化活动，采用国际标准成为了普遍的现象。标准的国际化，不仅是国际间经济贸易交往的必然要求，也是减少或消除贸易壁垒、促进国际经济发展的必要条件。

这一时期的标准化特点是系统性、国际性，以及目标和手段的现代化，标准化的发展离不开信息技术的发展，离不开全球经济贸易的交流，并且在一定程度上标准化反过来促进了信息技术和经济贸易的发展。经济的发展和信息技术的发展是这个阶段标准化发展的主要推动力。

4．我国标准化的发展沿革

1）我国标准化发展的第一阶段

20世纪50年代初，我国的工业建设开始起步，为了有序发展，尽快使工业生产与建设不走或少走弯路，在标准化建设方面提出了向苏联学习的口号，照抄照搬GOST标准，并逐步建立了以苏联标准为模式的我国工业标准体系。在当时，照抄照搬苏联的GOST标准也促进了我国的工业生产与建设。

2）我国标准化发展的第二阶段

20世纪70年代初中期，我国国民经济建设拨乱反正，开始了改革开放。为了与国际接轨，学习发达国家的先进技术与先进经验，大量开展技术引进与交流。我国1978年加入了国际标准化组织，成为国际标准化组织中的一员。为了使我国国民经济建设跟上国际水平，满足改革开放的需要，我国提出了等同、等效、参照采用国际标准和国外先进国家标准的"双采"方针，以跟踪ISO/IEC国际标准和国外先进国家标准为目标，建立我国技术标准体系，实现与国际接轨。

3）我国标准化发展的第三阶段

我国在2001年12月11日加入世界贸易组织，成为世界贸易组织中的一员。为使我国经济建设向前发展并走向世界，促进经济全球化的逐步形成，使我国的工业产品在国际市场中占有一席之地，进而实现制造业大国和强国的目标，需要符合我国利益的国际标准和技术规范起支撑作用。

在这个阶段，我国于2002年启动国家标准化战略与体系研究；2008年10月18日正式成为ISO常任理事国；2011年10月28日正式成为IEC常任理事国。我国积极参与国际标准化活动，将我国成熟的标准制定为国际标准是第三阶段中重要的环节。

标准化工作为特定的环境、特定的任务、特定的目标服务，我国的标准化体系随国民经济的发展而建立。已建立的标准化体系，为我国制造业的发展起到了历史性的作用，为我国的国民经济建设提供了一定的保证，同时，也为我国新时期的制造业新技术标准化体系的建立打下了良好的基础。

我国的标准化体系在国民经济建设中起到了桥梁支撑作用，我国国民经济建设的发展及其每一个阶段都离不开标准化。

1.2 标准化的定义和属性

1.2.1 术语和定义

1）标准化

为了在既定范围内获得最佳秩序，促进共同效益，对现实问题或潜在问题制定共同使用或重复使用的条款，以及编制、发布和应用文件等活动。

标准化活动确立的条款可形成标准化文件，包括标准和其他标准化文件。标准化的主要效益在于为产品、过程或服务的预期目的改进它们的适用性，促进贸易、交流及技术合作。

2）标准化对象

标准化对象即需要标准化的主题。

"产品、过程或服务"这一表述，旨在从广义上囊括标准化对象，宜等同地理解为包括诸如材料、元件、设备、系统、接口、协议程序、功能、方法或活动。标准化可以限定在任何对象的特定方面，例如，可对鞋子的尺码和耐用性分别进行标准化。

1.2.2 标准化的目的和层次

标准化的一般目的基于标准化的定义。标准化可以有一个或更多特定目的，以使产品、过程或服务适合其用途。这些目的可能包括但不限于品种控制、可用性、兼容性、互换性、健康、安全、环境保护、产品防护、经济绩效、贸易等。这些目的也可能相互重叠。

标准化的层次是指标准化所涉及的地理、政治或经济区域的范围。包括：国际标准化、区域标准化、国家标准化、地方标准化。

1.2.3 标准化的形式

1）简化

在一定范围内缩减对象（事物）的类型数目，使之在既定时间内足以满足一般需要的标准化形式。简化一般是在事物多样化已达到一定规模以后才对事物的类型数目加以缩减。

2）统一化

把同类事物两种以上的表现形态归并为一种或限定在一个范围内的标准化形式。统一化应注意适时、适度、等效、先进性等原则。

3）通用化

在互相独立的系统中，选择和确定具有功能互换性或尺寸互换性的子系统或功能单元的标准化形式。通用化以互换性为前提。互换性是指不同时间、不同地点制造出来的产品或零件，在装配、维修时不必经过修整就能任意替换使用的性质。

4）系列化

系列化是对同一类产品中的一组产品通盘规划的标准化形式。它通过对同一类产品国内外产需发展趋势的预测，结合自己的生产技术条件，经过全面的技术经济比较，对产品的主要参数、型号、功能、基本结构等进行合理安排与规划，即系列化是使某一类产品系统的结构优化、功能最佳的标准化形式。

5）组合化

按照统一化、系列化的原则，设计并制造出若干通用性较强的单元，根据需要拼合而成的不同用途的物品的标准化形式。

6）模块化

以模块为基础，综合了通用化、系列化、组合化的特点，解决复杂系统类型多样化、功能多变的一种标准化形式，通常包括模块化设计、模块化生产和模块化装配。

1.3 标准的定义和属性

1.3.1 术语和定义

1）标准

通过标准化活动，按照规定的程序经协商一致制定，为各种活动或其结果提供规则指南或特性，作为共同使用和重复使用的文件。

标准宜以科学、技术和经验的综合成果为基础。规定的程序指制定标准的机构颁布标准制定程序，诸如国际标准、区域标准、国家标准等。由于它们可以公开获得，必要时可以通过修正或修订与最新技术水平保持同步，因此它们被视为公认的技术规则。其他层次上通过的标准，诸如专业协（学）会标准、企业标准等，在地域上可影响几个国家。

2）规范

规定产品、过程或服务需要满足的技术要求的文件。适宜时，规范宜指明可以判定其要求是否得到满足的程序。规范可以是标准、标准的一个部分或标准以外的其他标准化文件。

3）规程

为产品、过程或服务全生命周期的有关阶段推荐良好惯例或程序的文件。规程可以是标准、标准的一个部分或标准以外的其他标准化文件。

1.3.2 标准的分类

1）按标准的适用范围分

标准分为：国际标准、区域标准、国家标准、行业标准、地方标准、企业标准。

2）按标准化对象分

标准分为：技术标准、管理标准、工作标准。

3）按标准的成熟度分

标准分为：法定标准、推荐标准、试行标准、标准草案。

4）按标准法规性分

标准分为：强制性标准和推荐性标准。

5）按标准的内容分

标准分为：基础标准、术语标准、分类标准、试验标准、规范标准、规程标准、指南标准、产品标准、过程标准、服务标准、接口标准、数据待定标准等。

1.3.3 标准的等级及其代号

1）国家标准

我国的国家标准有国家标准（GB）、国家计量技术规范（JJF）、国家计量检定规程（JJG）、国家环境质量标准（GHZB）、国家污染物排放标准（GWPB）、国家污染物控制标准（GWKB）、国家内部标准（GBn）、工程建设国家标准（GBJ）、国家军用标准（GJB）。

我国国家标准的代号一律用汉语拼音大写字母表示，编号由标准顺序号和批准年代组合而成，顺序号和年代之间用"—"隔开。国家标准中，强制性标准用 GB 表示，推荐性标准用 GB/T 表示，国家指导性标准用 GB/Z。如下所示：

强制性国家标准：GB××××－××××，如 GB 1351—2008《小麦》

推荐性国家标准：GB/T××××－××××，如 GB/T 22438—2008《地理标志产品　原阳大米》

强制性标准，是保障人体健康、人身、财产安全的标准和法律、行政法规强制执行的标准，它包括基本保障类标准和宏观调控类标准；非强制性标准，也称推荐性标准，除强制性标准之外，其他标准均属非强制性标准。对于非强制性标准，国家鼓励企业自愿采用。非强制性标准并非固定不变，在一定条件下，它可以转化为强制性标准。同样，根据需要，强制性标准也可转化为非强制性标准。

2）行业标准

行业标准的代码用该行业主管部门名称的汉语拼音字母表示，格式与国家标准类似：

行业代码 +"标准顺序号"+"—"+"年号"

例如：

农业行业标准：LS/T 3313—2017《花椒籽饼（粕）》

机械行业标准：JB/T 12339—2015《固定式粮食扦样机》

轻工业行业标准：QB/T 5284—2018《冷冻食品术语与分类》

常用行业标准代码如下：

BB	包装行业标准	JB	机械行业标准	SH	石油化工行业标准
CB	船舶行业标准	JC	建材行业标准	SJ	电子行业标准
CH	测绘行业标准	JG	建筑行业标准	SL	水利行业标准
CJ	城建行业标准	JT	交通行业标准	SY	石油行业标准
DA	档案行业标准	JR	金融行业标准	TB	铁道行业标准
DL	电力行业标准	JY	教育行业标准	TD	土地行业标准
DZ	地质行业标准	LD	劳动行业标准	WM	外贸行业标准
EJ	核工业行业标准	LY	林业行业标准	WB	物资行业标准
FZ	纺织行业标准	MH	民用航空行业标准	WS	卫生行业标准
GA	公安行业标准	MT	煤炭行业标准	YB	黑色冶金行业标准
GJ	广播电影电视行业标准	MZ	民政行业标准	YC	烟草行业标准
HB	航空行业标准	NY	农业行业标准	YD	通信行业标准
HG	化工行业标准	QB	轻工业行业标准	YS	有色冶金行业标准
HJ	环保行业标准	QC	汽车行业标准	YY	医药行业标准
HS	海关行业标准	QJ	航天行业标准	YZ	邮政行业标准

3）地方标准

地方标准的编号由四部分组成：

汉语拼音字母"DB"+省、自治区、直辖市行政区划代码前两位数+"/"+（推荐性地方标准加"T"，强制性不加）+"顺序号"+"—"+"年号"。

例如：

辽宁省标准：DB21/T 2659—2016《水稻抛秧机　作业质量》

贵州省标准：DB52/T 1027—2015《油茶籽原油贮存与运输技术规程》

天津市标准：DB12/T 504—2014《水稻转基因成分筛查方法》

江苏省常州市标准：DB3205/T 150—2008《小麦全程机械化精确定量栽培技术规程》

其中"32"为江苏省代码；"05"为常州市代码。

省、自治区、直辖市代码如下：

110000	北京市	310000	上海市	420000	湖北省	540000	西藏自治区
120000	天津市	320000	江苏省	430000	湖南省	610000	陕西省
130000	河北省	330000	浙江省	440000	广东省	620000	甘肃省
140000	山西省	340000	安徽省	450000	广西壮族自治区	630000	青海省
150000	内蒙古自治区	350000	福建省	460000	海南省	640000	宁夏回族自治区
210000	辽宁省	360000	江西省	510000	四川省	650000	新疆维吾尔自治区
220000	吉林省	370000	山东省	520000	贵州省	710000	台湾省
230000	黑龙江省	410000	河南省	530000	云南省		

4）企业标准

企业标准是各企业、公司（包括集团公司）所制定的标准。由企业审定通过，供该企业使用的标准。企业标准代号以 Q 为代表，以企业名称的字母代码表示，企业标准代号的格式为："Q/企业代号"+"顺序号"+"—"+"年号"。

例如：

农夫山泉股份有限公司标准：Q/NFS 016—2017《高密度聚乙烯（HDPE）塑料瓶（桶）》

5）国际标准

国际标准是指国际标准化组织（ISO）、国际电工委员会（IEC）和国际电信联盟（ITU）制定的标准，以及国际标准化组织确认并公布的其他国际组织制定的标准。国际标准在世界范围内统一使用。

标准号的构成：标准号+顺序号+年代号（制定或修订年份）。

例如：

ISO 16792：2015《Technical product documentation—Digital product definition data practices》

ISO 26262：2018《Road vehicles—Functional safety》

IEC 60571—2012《Railway applications—Electronic equipment used on rolling stock》

ITU-R M.2444-0《Examples of arrangements for Intelligent Transport Systems deployments under the mobile service》

6）各国的国家标准和行业标准

常见的国家标准有：

ANSI	美国国家标准	NF	法国国家标准
BS	英国国家标准	DIN	德国国家标准
CSA	加拿大国家标准	JSA	日本国家标准

常见的行业标准代码有：

ASME	美国机械工程师协会标准	FDA	美国食品与药物管理局标准
ASTM	美国材料和实验协会标准	SAE	美国机动车工程师协会标准
IEEE	美国电气与电子工程师协会标准	VDE	德国电气工程师协会标准
API	美国石油学会标准	JIS	日本工业标准

1.4 标准化对企业的重要作用

开放视角下的科技创新体系将标准化作为面向创新的科技创新体系的重要支撑，标准化是技术创新体系、知识社会环境下技术的重要轴心。通过标准、标准化工作，以及相关技术政策的实施，可以整合和引导社会资源，激活科技要素，推动自主创新与开放创新，加速技术积累、科技进步、成果推广、创新扩散、产业升级，以及经济、社会、环境的全面、协调、可持续发展。

（1）标准是企业的重要知识资产。

标准是科学、技术、经验的积累，是知识体系，是企业最重要的知识资产。

知识资产是指企业拥有或控制的、不具有独立实物形态、对生产和服务长期发挥作用并能带来经济效益的知识。知识资产是企业创造价值不可缺少的特有资源，它既是企业知识创新的基础，又是创新产出和创新过程的调节因素。知识资产是知识经济时代企业赖以生存和发展的根本动力。技能、商业秘密、商标、版权、专利和各种设计专利等都是知识资产。

随着知识时代的到来，企业的核心竞争力逐渐从物质资产演变为由一系列技术、规则、文化等组成的非物质资产，并最终追溯到与人力资产密切相关的技能、知识和观念等知识资产。知识资产的最终表现形式就是制定标准，企业标准也就成为企业的重要知识资产。由标准形成的竞争优势主要表现为供应创新和创新垄断，是企业核心竞争力的本源。

（2）标准化是实行科学管理和现代化管理的基础。

21世纪的今天，科技发展日新月异，企业创新层出不穷，标准化在企业管理中发挥着日益重要的作用。它已经成为提高企业管理水平，促进企业发展的有效途径。做好标准化工作是企业实现现代管理和科学管理的需要，也是企业创造经济效益必不可少的基本手段和基础工作。

推行企业标准化管理体系有利于规范企业内部的管理行为，降低生产成本，提高产品质量，提升生产效益。产品质量是企业基础工作的综合反映，在产品生产过程中，影响产品质量的因素有很多，企业通过一系列的标准来规范操作行为和作业流程，从而控制各种影响质量的因素，以减少或消除质量缺陷的产生；一旦发现质量缺陷，也能及时发现并采取纠正措施。

只要真正实施企业标准化管理体系，就能更好地为顾客提供质量可靠、满意的产品，进而提升品牌的美誉度和知名度，无形中为企业创造巨大的财富。

（3）做好标准化，提高企业的经济效益。

企业的利益要最大化，所生产的产品在市场上要获得更大的发展空间，企业的标准化建设是必不可少的。企业标准化最大的目的就是使企业的产品有销路，能够进入国内外市场，具有经济效益。因此，企业产品的设计、制造、检验与销售等全过程需要有相应的标准；企业的有效运行和管理、企业的安全、企业的文化等也需要有相应的标准。这样企业就要参照国际、国家、行业和团体标准来制定企业标准，形成本企业的标准体系，而且还要参与一些与本企业产品有关的标准活动，如研讨会、交流会等，参与或主持制定国际、国家、行业标准及团体标准，以提高企业和产品的知名度。

1.5 学习和研究标准的意义

（1）标准知识是规范技术行为的基础。

作为企业员工，不管是工程师、经济师，还是产品开发人员、经营管理人员，都应具有标准化知识。他们应不仅能把标准化原理和方法同自己所从事的技术工作和经营管理业务紧密结合起来，把标准化思想渗透到企业的各项工作中去，而且能组织和承担相关企业标准、行业乃至国家标准的制定。一旦标准化深入到广大技术人员和管理人员的意识中，他们就会非常自觉地把标准化作为一种科学的方法加以运用，在潜移默化中把企业的标准化基础打好，并伴随企业的成长而发扬光大。

通过学习标准和标准化的知识，可以明确标准的概念，认识其重要性，形成敬畏标准的意识，在此基础上养成遵守标准的技术习惯，减少设计的随意性，了解技术标准规范制定的路径，为以后形成良好的技术行为奠定基础。

（2）培养标准制定人才。

标准化应社会需求而生，应社会发展而变化。我国标准化领域还存在一些问题：标准制定与市场需求脱节；缺乏熟悉精通技术标准，特别是国际标准的人才。标准化专业技术人才可能分布于标准化研究院所、标准化专业技术委员会、标准化管理机构、培训机构和大企业的标准化机构。这类人才是国家标准化的骨干力量，他们有标准化的业务专长，他们以标准化为己任。国家标准化的理论建设、科学研究、教育普及、项目管理、标准制定和修订，以及参与国际标准化活动都要依靠这支力量。他们的素质和水平，对整个国家标准化的状况会产生直接的影响。

（3）培育知识工程师。

在现有企业中，专职的标准制定人员大多从事对现有的成果进行标准文献的整理、内容的修订等工作，然而能够对知识进行总结、提炼成标准的人才并不多，这类人才被称为知识工程师。知识工程师不仅需要具备完备的知识体系、扎实的理论基础、丰富的实践经验、基本的标准化知识，还需具备对知识进行总结、提炼、整理的能力。随着标准化的发展，越来越多的无形知识需要进行标准化，比如产品设计流程的提炼和优化、设计知识的融合等，这些都需要知识工程师来完成。

习题

1-1 试述标准化的发展历程。
1-2 什么是标准？什么是标准化？
1-3 标准化的形式有哪些？请举例说明。
1-4 请说明国内标准的等级及编号规则。
1-5 请在网上查找以下标准的例子，写出代号、编号和名称。
- 美国机械工程师协会标准；
- 强制性国家标准；
- 机械行业标准；
- 企业标准。

1-6 举例说明身边的标准化产品，并说明原因。

第 2 章
互换性与优先数

最早的标准化概念来源于互换性，它也是机械行业标准化的基础。通过本章的学习，读者可以了解互换性的起源、含义、分类和意义，了解优先数和优先数系的特点和应用，初步理解误差和公差的概念。

本章内容涉及的相关标准主要有：
- GB/T 321—2005《优先数和优先数系》。

2.1 互换性

2.1.1 互换性的起源

互换性原理始于兵器制造。在中国，早在战国时期（公元前 476 年—公元前 222 年）生产的兵器便能符合互换性要求。西安秦始皇陵兵马俑坑出土的大量弩机的组成零件都具有互换性。这些零件是青铜制品，其中方头圆柱销和销孔已经能够保证一定的间隙配合。18 世纪初，美国批量生产的火枪实现了零件互换。随着织布机、缝纫机和自行车等机械产品的大批量生产，又出现了高精度工具和机床，促使互换性生产由军火工业迅速扩大到一般机械制造业。20 世纪初，汽车工业迅速发展，形成了现代化大工业生产，由于批量大和零部件品种多，要求组织专业化集中生产和广泛协作，工业标准是实现生产专业化与协作的基础。机械工业中最重要的基础标准之一是公差与配合标准，1902 年英国纽瓦尔公司编制出版的"极限表"，是世界上最早的公差与配合标准。

2.1.2 互换性的含义和分类

在机械和仪器制造工业中，零部件的互换性是指在同一规格的一批零件或部件中，任取其一，不需任何挑选或附加修配（如钳工修理）就能装在机器上，以达到规定的性能要求。

按照不同的分类原则，互换性有不同的分类形式。

（1）按照互换的范围分为：几何参数互换和功能互换。

几何参数互换是指零部件的尺寸、形状、位置及表面粗糙度等参数具有互换性。功能互换是指零部件的几何参数、物理性能、化学性能及力学性能等都具有互换性。本书主要研究几何参数的互换性。

（2）按照互换程度分为：完全互换（绝对互换）和不完全互换（有限互换）。

零件在装配时不需选配或辅助加工即可装配成具有规定功能的机器，称为完全互换；需要选配或辅助加工才能装成具有规定功能的机器，称为不完全互换。

在机械装配时，当装配精度要求很高时，如采用完全互换会使零件公差太小，造成加工困难，成本很高。这时应采用不完全互换，将零件的制造公差放大，并用选择装配的方法将相关配件按尺寸大小分为若干组，然后按组相配。同组内的各零件能实现完全互换，组际间则不能互换。

（3）按照互换目的分为：装配互换和功能互换。

规定几何参数公差达到装配要求的互换称为装配互换；既规定几何参数公差，又规定机械物理性能参数公差达到使用要求的互换称为功能互换。上述的完全互换和不完全互换属于装配互换。装配互换的目的在于保证产品精度，功能互换的目的在于保证产品质量。

2.1.3 互换性的意义

从设计方面看，由于采用互换原则设计和生产标准零部件，可以简化绘图、计算等工作，缩短设计周期，并便于用计算机辅助设计。

从制造方面来看，互换性是提高生产水平和进行文明生产的有力手段。装配时不需辅助加工和修配，能减轻装配工人的劳动强度，缩短装配周期，便于实现流水作业和自动装配。由于加工时有公差规定，同一机器上的各种零件可以同时加工。用量大的标准件还可由专门车间或工厂单独生产，并采用高效率的专用设备。因此，产量和质量会得到显著提高，成本也会显著降低。

从使用方面看，当设备中使用的各种零件损坏以后，修理人员很快就可以用同样规格的零件换上，恢复设备的功能。而在某些情况下，互换性所起的作用还很难用价值来衡量。例如在战场上，要立即排除武器装备的故障，继续战斗，这时零部件的互换性是绝对必要的。

2.2 零件的误差和公差

2.2.1 误差与公差

任何一台机器中的零件都是按一定的工艺过程通过加工得到的。由于加工设备与工艺方法的不完善，不可能做到零件的尺寸和形状都绝对符合理想状态，设计参数与实际参数之间总有误差。为了保证零件的使用性能及制造的经济性，设计时必须合理地提出几何精度要求，即规定公差值，把加工误差限制在允许的范围内。

2.2.2 加工误差

加工误差是不可避免的，只要误差的大小不影响机器的使用性能，允许存在一定的误差。加工误差分类如下。

1）尺寸误差

尺寸误差是指加工后一批零件的实际尺寸相对于理想尺寸的偏差，如直径误差、长度误差等。当加工条件一定时，尺寸误差表示出该加工方法的精度，尺寸误差如图 2-1 所示。某轴的实际尺寸为$\phi 49.960$mm，则此轴的尺寸误差为-0.040mm。

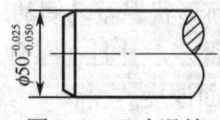

图 2-1　尺寸误差

2）形状误差

形状误差是指零件上几何要素的实际形状对其理想形状的偏离量。如图 2-2 所示的圆度误差、直线度误差等。它是从整个形体来看在形状方面存在的误差，故又称为宏观几何形状误差。

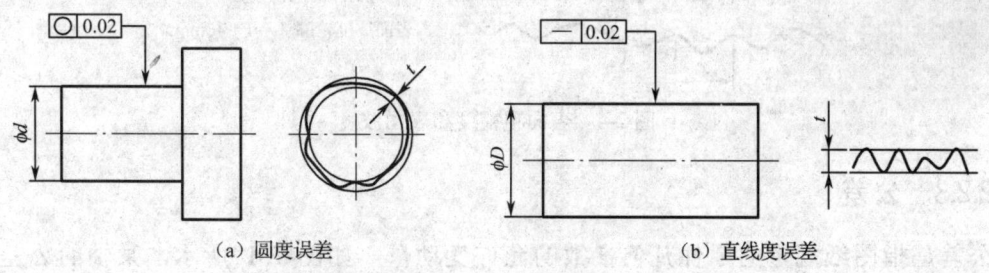

（a）圆度误差　　　　　　　　　　　（b）直线度误差

图 2-2　形状误差

3）位置误差

位置误差是指零件上几何要素的实际位置相对其理想位置的偏离量。如图 2-3 所示的同轴度误差、垂直度误差等。

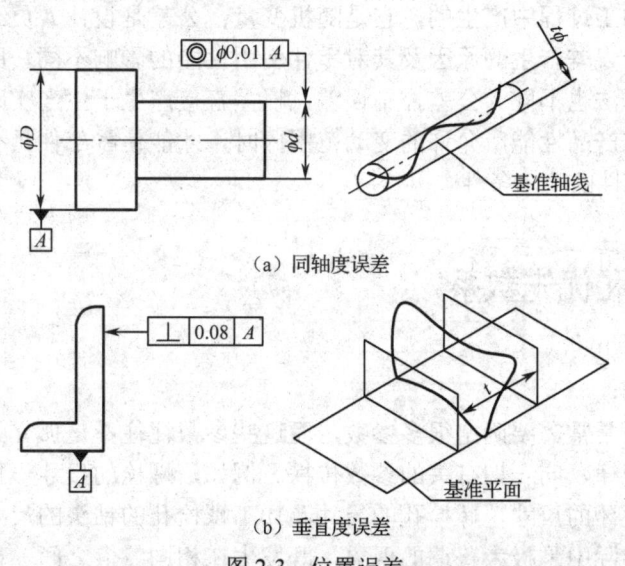

（a）同轴度误差

（b）垂直度误差

图 2-3　位置误差

4）表面粗糙度

表面粗糙度是指加工表面上具有的较小间距和峰谷所组成的微观几何特性，如图 2-4 所示。其特点是具有微小的波形，又称为微观几何形状误差。

5）表面波度

表面波度是指介于宏观和微观几何形状误差之间的一种表面形状误差，如图2-4所示。其特点是峰谷和间距要比表面粗糙度大得多，并且在零件表面呈周期性变化。通常认为波距在1~10mm范围的表面形状误差属于表面波度。

上述各项误差，统称为几何参数误差。本书第3、4、5章将详细介绍相关知识点。

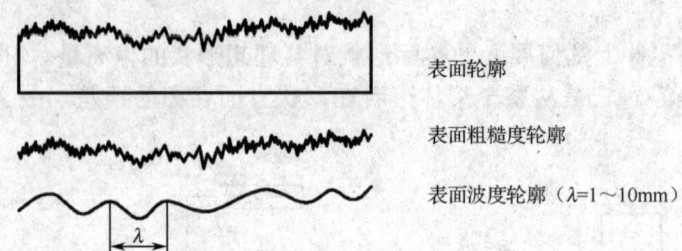

图2-4　表面粗糙度和表面波度

2.2.3　公差

公差是指图纸规定的零件几何参数的允许变动量。如图2-1所示，某轴的公差值为0.025mm。公差是用来控制误差的，当实际零件的误差在公差范围内时，零件为合格件；反之，当实际零件的误差超出了公差范围，零件为不合格件。

2.2.4　公差与误差的区别和联系

误差是在零件加工过程中产生的，它是随机变量；公差是设计人员给定的，用于限制误差的合格范围。由于误差产生的原因及其对零件使用性能的影响不同，所以在精度设计时，规定公差的原则和方法也不同。公差控制误差，误差直接产生于生产实践中。只有当一批零件的加工误差控制在产品性能所允许的变动范围内时，才能使零部件具有互换性。可见，公差是保证零部件互换性的基本条件。

2.3　优先数和优先数系

1）优先数的由来

在机械设计中，常常需要确定很多参数，而这些参数往往不是孤立的，一旦选定，这个数值就会按照一定规律，向一切有关的参数传播。例如，螺栓的尺寸一旦确定，将会影响螺母的尺寸、丝锥和板牙的尺寸、螺栓孔的尺寸及加工螺栓孔的钻头的尺寸等。这种技术参数的传播扩散在生产实际中是极为普遍的现象，既发生在相同量值之间，也发生在不同量值之间，并且跨越行业和部门的界限。由于数值如此不断关联、不断传播，所以机械产品中的各种技术参数不能随意变动，否则会出现规格品种恶性膨胀的混乱局面，给生产组织、协调配套及使用维护带来极大困难。

为使产品的参数选择能遵守统一的规律，使参数选择一开始就纳入标准化轨道，必须对各种技术参数的数值做统一规定。19世纪末，法国的雷诺为了对气球上使用的绳索规格进行简化，做出这样的规定，每进 5 项就使项值增大 10 倍（十进几何级数），将 425 种绳索规格整理简化为 17 种，后人以他的名字命名优先数系。

2）优先数系

我国国家标准 GB/T 321—2005《优先数和优先数系》规定了优先数系，适用于各种量值的分级，特别是在确定产品的参数或参数系列时，应按本标准规定的基本系列值选用。

优先数系是由公比为 $\sqrt[5]{10}$、$\sqrt[10]{10}$、$\sqrt[20]{10}$、$\sqrt[40]{10}$ 和 $\sqrt[80]{10}$，且项值中含有 10 的整数幂的理论等比数列导出的一组近似等比的数列。分别用系列符号 R5、R10、R20、R40 和 R80 表示，其中前四个系列作为基本系列，R80 为补充系列，仅用于分级很细的特殊场合。

各系列的公比为：

R5：$q_5 = (\sqrt[5]{10}) \approx 1.60$ R10：$q_{10} = (\sqrt[10]{10}) \approx 1.25$ R20：$q_{20} = (\sqrt[20]{10}) \approx 1.12$

R40：$q_{40} = (\sqrt[40]{10}) \approx 1.06$ R80：$q_{80} = (\sqrt[80]{10}) \approx 1.03$

优先数系的五个系列中任一个项值均为优先数。按公比计算得到的优先数的理论值，除 10 的整数幂外，都是无理数，工程技术上不能直接应用。实际应用的都是经过圆整后的近似值。根据圆整的精确程度，可分为计算值和常用值。

- 计算值：取五位有效数字，供精确计算用。
- 常用值：即经常使用的、通常所称的优先数，取三位有效数字。

表 2-1 为 1～10 范围内的基本系列（常用值）。如将表中所列优先数乘以 10、100、…，或乘以 0.1、0.01、…，即可得到所有大于、等于 10 或小于、等于 0.1 的优先数。

表 2-1 1～10 范围内的基本系列（常用值）

R5	R10	R20	R40	R5	R10	R20	R40	R5	R10	R20	R40
1.00	1.00	1.00	1.00	2.50	2.50	2.50	2.50	6.30	6.30	6.30	6.30
			1.06				2.65				6.70
		1.12	1.12			2.80	2.80			7.10	7.10
			1.18				3.00				7.50
	1.25	1.25	1.25		3.15	3.15	3.15		8.00	8.00	8.00
			1.32				3.35				8.50
		1.40	1.40			3.55	3.55			9.00	9.00
			1.50				3.75				9.50
1.60	1.60	1.60	1.60	4.00	4.00	4.00	4.00	10.00	10.00	10.00	10.00
			1.70				4.25				
		1.80	1.80			4.50	4.50				
			1.90				4.75				
	2.00	2.00	2.00		5.00	5.00	5.00				
			2.12				5.30				
		2.24	2.24			5.60	5.60				
			2.36				6.00				

标准还允许从基本系列和补充系列中隔项取值组成派生系列。例如，在 R10 系列中每隔两项取值得到 R10/3 系列，即 1.00、2.00、4.00、8.00、…，它即是常用的倍数系列。

3）优先数系的优点

a）经济合理的数值分级制度

产品的参数从最小到最大有很宽的数值范围，有经验和统计表明，数值按等比数列分级，能在较宽的范围内以较少的规格、经济合理地满足社会需要。这就要求用"相对差"反映同样"质"的差别，而不能像等差数列那样只考虑"绝对差"。等比数列是一种相对差不变的数列，不会造成分级疏密不合理现象，优先数系正是按等比数列确定的。因此，它提供了一种经济、合理的数值分级制度。

b）统一、简化的基础

优先数系是国际上统一的数值制度，可用于各种量值的分级，以便在不同的地方都能优先选用同样的数值，这就为技术工作上统一、简化和产品参数的协调提供了基础。企业自制自用的工艺装备等设备的参数，应当选用优先数系。在制定标准或规定各种参数的协商中，优先数系也应当成为用户和制造工厂之间或各有关单位之间共同遵循的准则，以便在无偏见的基础上达成一致。

c）具有广泛的适应性

优先数系包含有各种不同公比的系列，因而可以满足较密和较疏的分级要求。由于较疏系列的项值包含在较密的系列之中，这样在必要时可插入中间值，使较疏的系列变成较密的系列，而原来的项值保持不变，与其他产品间的配套协调关系不受影响。在参数范围很宽时，根据情况可分段选用最合适的基本系列，以复合系列形式组成最佳系列。由于优先数的积或商仍为优先数，这就更进一步扩大了优先数系的适用范围。例如，当直径采用优先数时，相关的圆周速度、切线速度、圆柱体的面积和体积、球的面积和体积等也都是优先数。

d）简单、易记、计算方便

优先数系是十进等比数列，其中包含 10 的所有整数幂。只要记住一个十进段内的数值，其他的十进段内的数值可由小数点移位得到。所以只要记住 R20 中的 20 个数值，就可解决一般应用问题。优先数系是等比数列，故任意优先数的积和商仍为优先数，而优先数的对数则是等差数列，利用这些特点可以大大简化设计计算。

4）优先数系的应用

国家标准规定的优先数系分档合理，疏密均匀，有广泛的适用性，简单易记，便于使用。常见的量值，如长度、直径、转速及功率等分级，基本上都是按一定的优先数系来进行的。本书所涉及的有关标准中，如尺寸分段、公差分级及表面粗糙度的参数系列等，基本上都采用优先数系。

优先数系的应用原则有以下几点。

● 在确定产品的参数或参数系列时，力求选用优先数，并且按照 R5、R10、R20 和 R40 的顺序，优先用公比较大的基本系列；当一个产品的所有特性参数不可能都采用优先数时，也应使一个或几个主要参数采用优先数，有利于产品逐步发展成为有规律的系列，便于与其他相关产品协调配套。

● 当基本系列的公比不能满足分级要求时，可选用派生系列。选用时应优先采用公比较大和延伸项中含有项值 1 的派生系列。

- 当参数系列的延伸范围很大，从制造和使用的经济性考虑，在不同的参数区间，需要采用公比不同的系列时，可分段选用最适宜的基本系列或派生系列，以构成复合系列。
- 按优先数常用值分级的参数系列，公比是不均等的。在特殊情况下，为了获得公比精确相等的系列，可采用计算值。
- 如无特殊原因，应尽量避免使用化整值。因为化整值的选用带有任意性，不易取得协调统一，而且误差较大。

习题

2-1　试说明互换性的定义和分类。

2-2　举例说明互换性在生活和机械制造行业中的应用。

2-3　某车床主轴共16级转速，其转速数列为：25r/min、40r/min、63r/min、80r/min、100r/min、125r/min、160r/min、200r/min、250r/min、315r/min、400r/min、500r/min、630r/min、800r/min、1250r/min、2000r/min，试用基本序列表分析确定该优先数系的组成特点。

第 3 章
极限、公差与配合

零件在制造过程中，由于加工或测量因素的影响，完工后的实际尺寸总存在一定的误差，为了保证零件的互换性，必须将零件的实际尺寸控制在允许变动的范围内，因此国标规定了极限、公差和配合等相关内容。通过本章的学习，读者可以了解孔、轴及尺寸的术语和定义，掌握偏差、公差、配合的定义，掌握公差带的绘制方法，理解标准公差、基本偏差和配合制的内容和应用，了解公差和配合的选择方法。

本章内容涉及的相关标准主要有：
- GB/T 1800.1—2009《产品几何技术规范（GPS）极限与配合 第 1 部分：公差、偏差和配合的基础》；
- GB/T 1800.2—2009《产品几何技术规范（GPS）极限与配合 第 2 部分：标准公差等级和孔、轴极限偏差表》；
- GB/T 1803—2003《极限与配合 尺寸至 18mm 孔、轴公差带》；
- GB/T 1804—2000《一般公差 未注公差的线性和角度尺寸的公差》；
- GB/T 1801—2009《产品几何技术规范（GPS）极限与配合 公差带和配合的选择》。

3.1 有关孔、轴及尺寸的术语和定义

孔——通常指工件的圆柱形内尺寸要素，也包括非圆柱形的内尺寸要素（由两平行平面或切面形成的包容面）。

轴——通常指工件的圆柱形外尺寸要素，也包括非圆柱形的外尺寸要素（由两平行平面或切面形成的被包容面）。

尺寸——以特定单位表示线性尺寸值的数值。

尺寸要素——由一定大小的线性尺寸或角度尺寸确定的几何形状。

公称尺寸——由图样规范确定的理想形状要素的尺寸，如图 3-1 所示。公称尺寸可以是一个整数值或一个小数值，例如，32、15、8.75、0.5、…。孔和轴的公称尺寸，分别用字母 D 和 d 表示。

提取组成要素的局部尺寸——一切提取组成要素上两对应点之间距离的统称，可简称为提取要素的局部尺寸。

3.2 有关偏差和公差的定义

1) 极限尺寸

极限尺寸是指尺寸要素允许的尺寸的两个极端。提取组成要素的局部尺寸应位于其中，也可达到极限尺寸。上极限尺寸是指尺寸要素允许的最大尺寸（如图3-1所示），孔和轴的上极限尺寸分别用 D_{max} 和 d_{max} 表示。下极限尺寸是指尺寸要素允许的最小尺寸（如图3-1所示），孔和轴的下极限尺寸分别用 D_{min} 和 d_{min} 表示。

2) 偏差

偏差是指某一尺寸减其公称尺寸所得的代数差。极限偏差分为上极限偏差和下极限偏差。轴的上、下极限偏差代号用小写字母 es、ei 表示；孔的上、下极限偏差代号用大写字母 ES，EI 表示（如图3-2所示）。上极限偏差（ES，es）是指上极限尺寸减其公称尺寸所得的代数差。下极限偏差（EI，ei）是指下极限尺寸减其公称尺寸所得的代数差。

$$ES = D_{max} - D \qquad es = d_{max} - d$$
$$EI = D_{min} - D \qquad ei = d_{min} - d$$

3) 尺寸公差（简称公差）

尺寸公差是指上极限尺寸减下极限尺寸之差，或上极限偏差减下极限偏差之差。它是允许尺寸的变动量。尺寸公差是一个没有符号的绝对值。孔和轴的尺寸公差分别用 T_h 和 T_s 表示。

$$T_h = |D_{max} - D_{min}| = |ES - EI|$$
$$T_s = |d_{max} - d_{min}| = |es - ei|$$

4) 公差带图解

● 零线

零线是指在极限与配合图解中，表示公称尺寸的一条直线，以其为基准确定偏差和公差（如图3-1所示）。通常，零线沿水平方向绘制，正偏差位于其上，负偏差位于其下（如图3-2所示）。在画公差带图解时，注上相应的符号"0"、"+"和"-"号，在其下方画上带单箭头的尺寸线，并注上公称尺寸值。

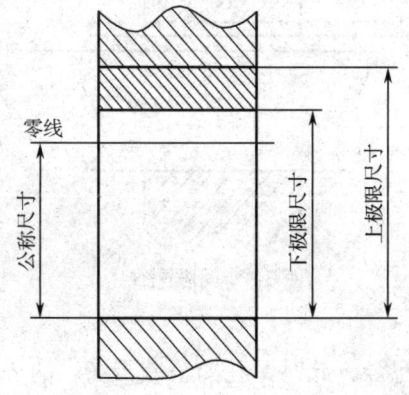

图3-1 公称尺寸、上极限尺寸和下极限尺寸

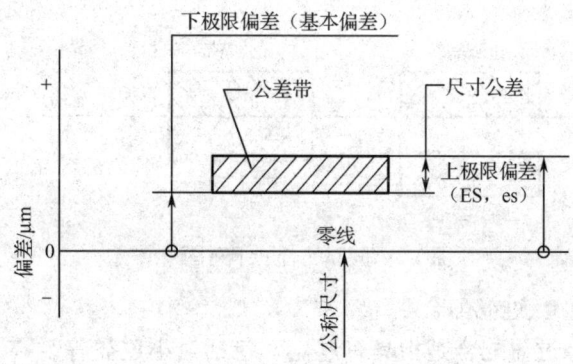

图3-2 公差带图解

- 公差带

公差带是指限制尺寸变动量的区域。在公差带图解中，公差带是由代表上极限偏差和下极限偏差或上极限尺寸和下极限尺寸的两条直线所限定的一个区域。它由公差大小和其相对零线的位置来确定。公差带的大小由标准公差确定，其位置由基本偏差确定。

通常孔公差带用由右上角向左下角的斜线表示，轴公差带用由左上角向右下角的斜线表示。公差带在垂直零线方向的宽度代表公差值，上面线表示上极限偏差，下面线表示下极限偏差。公差带沿零线方向的长度可适当选取。在公差带图解中，尺寸单位为毫米（mm），极限偏差及公差的单位也可用微米（μm）表示，单位省略不写。

3.3 有关配合的定义

1）配合

配合是指公称尺寸相同，且相互结合的孔和轴公差带之间的关系。

2）间隙（X）或过盈（Y）

在孔与轴的配合中，孔的尺寸减去轴的尺寸所得的代数差，当差值为正时称为间隙（用 X 表示），当差值为负时称为过盈（用 Y 表示）。

3）配合的种类

- 间隙配合

间隙配合是指具有间隙（包括最小间隙等于零）的配合。此时，孔的公差带在轴的公差带之上（如图 3-3 所示）。在间隙配合中，孔的下极限尺寸与轴的上极限尺寸之差称为最小间隙（X_{min}）（如图 3-4 所示）。在间隙配合或过渡配合中，孔的上极限尺寸与轴的下极限尺寸之差称为最大间隙（X_{max}）（如图 3-4 和图 3-8 所示）。计算公式为：

$$X_{max} = D_{max} - d_{min} = ES - ei = (+)$$
$$X_{min} = D_{min} - d_{max} = EI - es = (+\text{或}0)$$

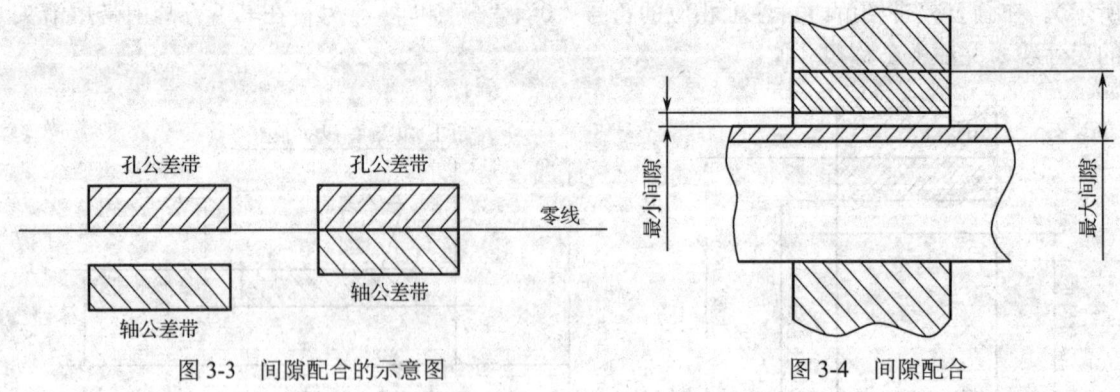

图 3-3 间隙配合的示意图　　　　图 3-4 间隙配合

- 过盈配合

过盈配合是指具有过盈（包括最小过盈等于零）的配合。此时，孔的公差带在轴的公差带之下（如图 3-5 所示）。在过盈配合中，孔的上极限尺寸与轴的下极限尺寸之差称为最小过盈（Y_{min}）（如图 3-6 所示）。在过盈配合或过渡配合中，孔的下极限尺寸与轴的上极限尺寸之差称为最大过盈(Y_{max})（如图 3-6 和图 3-8 所示）。计算公式为：

$$Y_{max} = D_{min} - d_{max} = EI - es = (-)$$
$$Y_{min} = D_{max} - d_{min} = ES - ei = (-或0)$$

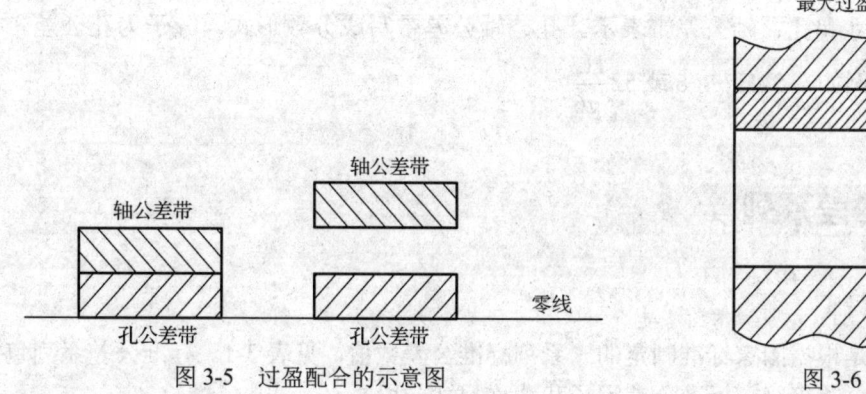

图 3-5　过盈配合的示意图　　　　　　图 3-6　过盈配合

- 过渡配合

过渡配合是指可能具有间隙或过盈的配合。此时，孔的公差带与轴的公差带相互交叠（如图 3-7 所示）。它是介于间隙配合与过盈配合之间的一类配合，但其间隙或过盈都不大。过渡配合的性质用最大间隙 X_{max} 和最大过盈 Y_{max} 来表示（如图 3-8 所示）。计算公式为：

$$X_{max} = D_{max} - d_{min} = ES - ei = (+)$$
$$Y_{max} = D_{min} - d_{max} = EI - es = (-)$$

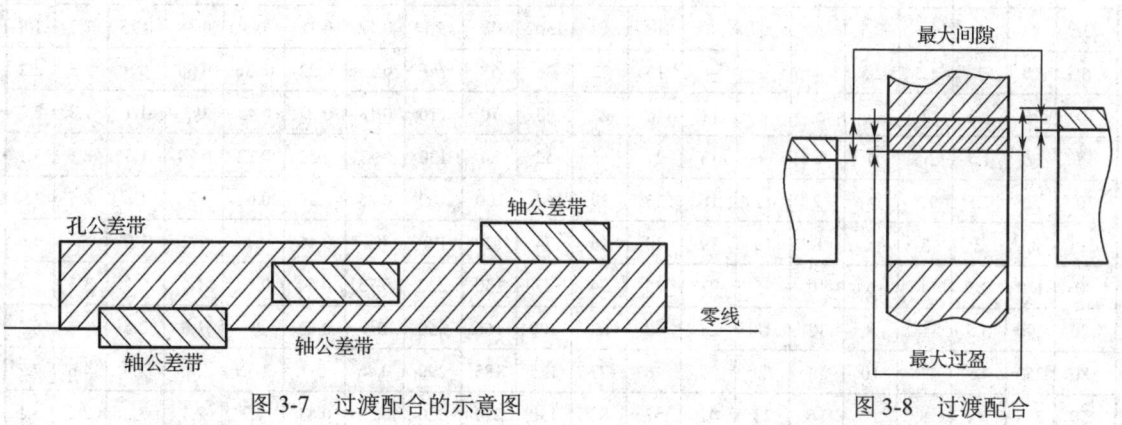

图 3-7　过渡配合的示意图　　　　　　图 3-8　过渡配合

4）配合公差

配合公差是指组成配合的孔、轴公差之和。它是允许间隙或过盈的变动量。配合公差是一个没有符号的绝对值。它表示配合精度，是评定配合质量的一个重要综合指标。计算公式为：

对于间隙配合　　　$T_f = |X_{max} - X_{min}|$

对于过盈配合　　　$T_f = |Y_{max} - Y_{min}|$

对于过渡配合　　　$T_f = |X_{max} - Y_{max}|$

将最大、最小间隙和过盈分别用孔、轴极限尺寸或极限偏差换算后代入上式，则得到三类配合的配合公差，都为：

$$T_\mathrm{f} = T_\mathrm{h} + T_\mathrm{s}$$

此式表明：配合精度（配合公差）取决于配合的孔和轴的尺寸精度（尺寸公差）。在设计时，可根据配合公差来确定孔和轴的尺寸公差。

5）配合的表示

配合用公称尺寸和孔、轴公差带表示。孔、轴公差带写成分数形式，分子为孔公差带，分母为轴公差带。例如，52H7/g6 或 $52\dfrac{H7}{g6}$。

3.4 标准公差系列

1）标准公差系列

标准公差系列是根据国家标准制定的一系列标准公差数值，见表3-1。标准公差系列包含三项内容，即标准公差等级、标准公差因子和公称尺寸分段。

表3-1 标准公差数值

公称尺寸/mm		标准公差等级																	
大于	至	IT1	IT2	IT3	IT4	IT5	IT6	IT7	IT8	IT9	IT10	IT11	IT12	IT13	IT14	IT15	IT16	IT17	IT18
		/μm											/mm						
—	3	0.8	1.2	2	3	4	6	10	14	25	40	60	0.1	0.14	0.25	0.4	0.6	1	1.4
3	6	1	1.5	2.5	4	5	8	12	18	30	48	75	0.12	0.18	0.3	0.48	0.75	1.2	1.8
6	10	1	1.5	2.5	4	6	9	15	22	36	58	90	0.15	0.22	0.36	0.58	0.9	1.5	2.2
10	18	1.2	2	3	5	8	11	18	27	43	70	110	0.18	0.27	0.43	0.7	1.1	1.8	2.7
18	30	1.5	2.5	4	6	9	13	21	33	52	84	130	0.21	0.33	0.52	0.84	1.3	2.1	3.1
30	50	1.5	2.5	4	7	11	16	25	39	62	100	160	0.25	0.39	0.62	1	1.6	2.5	3.9
50	80	2	3	5	8	13	19	30	46	74	120	190	0.3	0.46	0.74	1.2	1.9	3	4.6
80	120	2.5	4	6	10	15	22	35	54	87	140	220	0.35	0.54	0.87	1.4	2.2	3.5	5.4
120	190	3.5	5	8	12	18	25	40	63	100	160	250	0.4	0.63	1	1.6	2.5	4	6.3
180	250	4.5	7	10	14	20	29	46	72	115	185	290	0.46	0.7	1.15	1.85	2.9	4.6	7.2
250	315	6	8	12	16	23	32	52	81	130	210	320	0.52	0.81	1.3	2.1	3.2	5.2	8.1
315	400	7	9	13	18	25	36	57	89	140	230	360	0.57	0.89	1.4	2.3	3.6	5.7	8.9
400	500	8	10	15	20	27	40	63	97	155	250	400	0.63	0.97	1.55	2.5	4	6.3	9.7

注：① 公称尺寸小于或等于1mm时，无IT14至IT18。
② 标准公差等级IT01和IT0在工业中很少用到，所以在本表中未列出该两公差等级的标准公差数值。

2）标准公差等级及代号

尺寸精确程度的等级称为标准公差等级。规定和划分公差等级的目的，是为了简化和统一公差的要求，使规定的等级既能满足不同的使用要求，又能大致代表各种加工方法的精度，为零件设计和制造带来极大的方便。

字母 IT 为"国际公差"的英文缩略语。标准公差等级代号用符号 IT 和数字组成，例如 IT7。当其与代表基本偏差的字母一起组成公差带时，省略 IT 字母，如 h7。标准公差等级分 IT01、IT0、IT1～IT18，共 20 级。等级依次降低，标准公差数值依次增大，同一公差等级（例如 IT8）对所有基本尺寸的一组公差被认为具有同等精确程度。零件的尺寸精度就是零件要素的实际尺寸接近理论尺寸的准确程度，越准确者精度越高，它由公差等级确定，精度越高，公差等级越小。

标准公差的计算公式见表 3-2。

表 3-2 标准公差的计算公式

公差等级	公式	公差等级	公式	公差等级	公式	公差等级	公式	公差等级	公式
IT01	$0.3+0.008D$	IT4	$(IT1)(IT5/IT1)^{3/4}$	IT9	$40i$	IT14	$400i$
IT0	$0.5+0.012D$	IT5	$7i$	IT10	$64i$	IT15	$640i$
IT1	$0.8+0.020D$	IT6	$10i$	IT11	$100i$	IT16	$1000i$
IT2	$(IT1)(IT5/IT1)^{1/4}$	IT7	$16i$	IT12	$160i$	IT17	$1600i$
IT3	$(IT1)(IT5/IT1)^{2/4}$	IT8	$25i$	IT13	$250i$	IT18	$2500i$

3）标准公差因子

标准公差因子（i）是国家标准极限与配合制中，用以确定标准公差的基本单位。它是以公称尺寸为自变量的函数，是制定标准公差系列的基础。根据生产经验和科学统计分析表明，加工误差与尺寸的立方根成正比，且随着尺寸增大，测量误差的影响也增大，所以在确定标准公差数值时应考虑上述两个因素。国家标准总结出了标准公差因子的计算公式。

公称尺寸≤500mm，IT5～IT8 的标准公差因子 i 的计算公式为：

$$i = 0.45\sqrt[3]{D} + 0.001D$$

式中 D——公称尺寸的几何平均值，单位为 mm；

i——标准公差因子，单位为 μm。

式中的第一项反映的是加工误差的影响；第二项反映的是测量误差的影响，尤其是温度变化引起的测量误差。

IT5～IT8 的标准公差按下式计算：

$$IT = ai$$

其中，a 是公差等级系数，除了 IT5 的公差等级系数 $a=7$ 以外，从 IT6 开始，公差等级系数采用 R5 优先数系，即公比 $q = \sqrt[5]{10} \approx 1.6$ 的等比数列。每隔 5 级，公差数值增大 10 倍。

4）公称尺寸分段

根据表 3-2 所列的标准公差的计算公式可知，有一个公称尺寸就应该有一个与公差等级对应的公差数值。生产实践中的公称尺寸很多，这样就会形成一个庞大的公差数值表，给生产、设计带来很多困难。而从加工误差与尺寸的关系可知，当公称尺寸变化不大时，其产生的误差变化很小。随着公称尺寸的数值增大，这种误差的变化更趋于缓慢。为了减少公差数值的数目、统一公差数值和方便使用，国家标准对公称尺寸进行了分段。尺寸分段后，同尺寸分段内的所有公称尺寸，在相同公差等级的情况下，具有相同的标准公差。

公称尺寸分段见表 3-1。公称尺寸至 500mm 的尺寸范围被分成 13 个尺寸段，这样的尺寸段称为主段落。另外还有把主段落中的一段又分成 2～3 段的中间段落。在公差表格中一般使用主段落，而在基本偏差表中，对过盈或间隙较敏感的一些配合才使用中间段落。在标准公差及后面的基本偏差计算公式中，公称尺寸 D 一律以所属尺寸段内的首尾两个尺寸（D_1、D_2）的几何平均值来进行计算，即

$$D = \sqrt{D_1 D_2}$$

这样，在一个尺寸段内只有一个公差数值，极大地简化了公差表格（对于公称尺寸≤3mm 的尺寸段，$D = \sqrt{1 \times 3} \text{mm} = 1.732 \text{mm}$）。

5）标准公差数值

在公称尺寸和公差等级已定的情况下，就可以按照标准公差的计算公式计算出对应的标准公差数值。为了避免因计算时尾数圆整方法不一致而造成计算结果的差异，国家标准对尾数圆整做了有关的规定。最后编出标准公差数值表（见表 3-1），使用时可直接查此表。

3.5 基本偏差

基本偏差是用以确定公差带相对于零线位置的。它可以是上极限偏差或下极限偏差，一般为靠近零线的那个偏差。当公差带在零线上方时，基本偏差为下极限偏差；当公差带在零线下方时，基本偏差为上极限偏差。它基本上与公差等级无关（个别偏差除外），只表示公差带的位置，当基本偏差的代号确定后，不论公差等级是多少，其基本偏差的数值是一样的。

为了满足各种不同松紧程度的配合需要，同时尽量减少配合种类，以利于互换，国家标准对孔、轴各规定了 28 种基本偏差，分别用拉丁字母表示，其中大写字母代表孔，小写字母代表轴，基本偏差系列及配合种类如图 3-9 所示。28 种基本偏差代号，由 26 个拉丁字母中去掉了 5 个易与其他参数相混淆的字母后剩下的 21 个字母和 7 个双写字母组成。这 28 个基本偏差代号反映了 28 种公差带的位置，构成了基本偏差系列。

在轴的基本偏差中，从 a 至 g，基本偏差为上极限偏差 es（负值）；h 的基本偏差 es=0，是基准轴；从 j 至 zc，基本偏差为下极限偏差 ei；js 的基本偏差为 $es = +T_s/2$ 或 $ei = -T_s/2$。

在孔的基本偏差中，从 A 至 G，基本偏差为下极限偏差 EI（正值）；H 的基本偏差 EI=0，是基准孔；从 J 至 ZC，基本偏差为上极限偏差 ES；JS 的基本偏差为 $ES = +T_h/2$ 或 $EI = -T_h/2$。

在基本偏差系列图中仅绘出了公差带的一端，未绘出公差带的另一端，它取决于公差的大小。轴（孔）远离零线一侧的下极限偏差（上极限偏差）或上极限偏差（下极限偏差），根据轴（孔）的基本偏差和标准公差按下式计算：

轴：$ei = es - IT$，$es = ei + IT$

孔：$ES = EI + IT$，$EI = ES - IT$

任何一个公差带代号都由基本偏差代号和公差等级数联合表示，如 H7、h6、G9、p6 等。

轴的基本偏差数值是以基准孔为基础，根据各种配合的要求，在生产实践和大量实验的基础上，依据统计分析的结果整理出的一系列公式而计算出来的。孔的基本偏差数值是由基本偏差代号为同名字母的轴的基本偏差在相应的公差等级的基础上通过换算得到的。

公称尺寸≤500mm 的轴（孔）的基本偏差数值在实际工作中，不必用公式计算。为方便使用，计算结果的数值已列成表，如表 3-3 和表 3-4 所示，使用时可以直接查表。

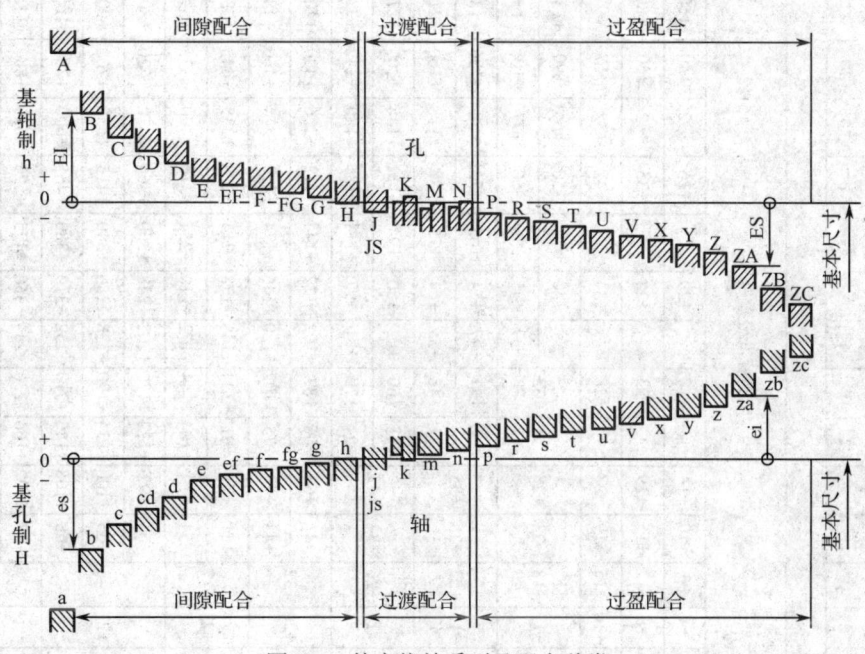

图 3-9 基本偏差系列及配合种类

3.6 配合制

配合制是指同一极限制的孔和轴组成配合的一种制度。以两个相配合的零件中的一个零件为基准件,并选定标准公差带,而改变另一个零件(非基准件)的公差带位置,从而形成配合的一种制度。国家标准中规定了两种平行的配合制,即基孔制配合和基轴制配合。在一般情况下,优先选用基孔制配合。如有特殊需要,允许将任一孔、轴公差带组成配合。

1)基孔制

基本偏差为一定的孔的公差带,与不同基本偏差的轴的公差带形成各种配合的一种制度称基孔制。基孔制配合中的孔,称为基准孔。它是配合的基准件,而轴为非基准件。国家标准规定,基准孔以下极限偏差 EI 为基本偏差,其数值为零,上极限偏差为正值,其公差带偏置在零线上侧。

2)基轴制

基本偏差为一定的轴的公差带,与不同基本偏差的孔的公差带形成各种配合的一种制度称基轴制。基轴制配合中的轴,称为基准轴。它是配合的基准件,而孔为非基准件。国家标准规定,基准轴以上极限偏差 es 为基本偏差,其数值为零,下极限偏差为负值,其公差带偏置在零线下侧。

按照孔、轴公差带相对位置的不同,两种基准制都可以形成间隙、过盈和过渡三种不同的配合性质。配合制如图 3-10 所示,基准孔的 ES 边界和基准轴的 ei 边界是两条虚线,而非基准件的公差带有一边界也是虚线,它们都表示公差带的大小是可变化的。

表 3-3 公称尺寸≤500mm 的轴的基本偏差数值（摘自 GB/T 1800.1—2009） （单位：μm）

基本偏差		上极限偏差 es											js	j			k		下极限偏差 ei													
		所有标准公差等级												公差等级			公差等级		所有标准公差等级													
公称尺寸/mm		a	b	c	cd	d	e	ef	f	fg	g	h		5,6	7	8	4~7	≤3, >7	m	n	p	r	s	t	u	v	x	y	z	za	zb	zc
大于	至																															
—	3	−270	−140	−60	−34	−20	−14	−10	−6	−4	−2	0	偏差 $=\pm\dfrac{IT_n}{2}$，式中 IT_n 是 IT 值数	−2	−4	−6	0	0	+2	+4	+6	+10	+14	—	+18	—	+20	—	+26	+32	+40	+60
3	6	−270	−140	−70	−46	−30	−20	−14	−10	−6	−4	0		−2	−4	—	+1	0	+4	+8	+12	+15	+19	—	+23	—	+28	—	+35	+42	+50	+80
6	10	−280	−150	−80	−56	−40	−25	−18	−13	−8	−5	0		−2	−5	—	+1	0	+6	+10	+15	+19	+23	—	+28	—	+34	—	+42	+52	+67	+97
10	14	−290	−150	−95	—	−50	−32	—	−16	—	−6	0		−3	−6	—	+1	0	+7	+12	+18	+23	+28	—	+33	—	+40	—	+50	+64	+90	+130
14	18	−290	−150	−95	—	−50	−32	—	−16	—	−6	0		−3	−6	—	+1	0	+7	+12	+18	+23	+28	—	+33	+39	+45	—	+60	+77	+108	+150
18	24	−300	−160	−110	—	−65	−40	—	−20	—	−7	0		−4	−8	—	+2	0	+8	+15	+22	+28	+35	—	+41	+47	+54	—	+73	+98	+136	+188
24	30	−300	−160	−110	—	−65	−40	—	−20	—	−7	0		−4	−8	—	+2	0	+8	+15	+22	+28	+35	+41	+48	+55	+64	+63	+88	+118	+160	+218
30	40	−310	−170	−120	—	−80	−50	—	−25	—	−9	0		−5	−10	—	+2	0	+9	+17	+26	+34	+43	+48	+60	+68	+80	+75	+112	+148	+200	+274
40	50	−320	−180	−130	—	−80	−50	—	−25	—	−9	0		−5	−10	—	+2	0	+9	+17	+26	+34	+43	+54	+70	+81	+97	+94	+136	+180	+242	+325
50	65	−340	−190	−140	—	−100	−60	—	−30	—	−10	0		−7	−12	—	+2	0	+11	+20	+32	+41	+53	+66	+87	+102	+122	+114	+172	+226	+300	+405
65	80	−360	−200	−150	—	−100	−60	—	−30	—	−10	0		−7	−12	—	+2	0	+11	+20	+32	+43	+59	+75	+102	+120	+146	+144	+210	+274	+360	+480
80	100	−380	−220	−170	—	−120	−72	—	−36	—	−12	0		−9	−15	—	+3	0	+13	+23	+37	+51	+71	+91	+124	+146	+178	+174	+258	+335	+445	+585
100	120	−410	−240	−180	—	−120	−72	—	−36	—	−12	0		−9	−15	—	+3	0	+13	+23	+37	+54	+79	+104	+144	+172	+210	+214	+310	+400	+525	+690
120	140	−460	−260	−200	—	−145	−85	—	−43	—	−14	0		−11	−18	—	+3	0	+15	+27	+43	+63	+92	+122	+170	+202	+248	+254	+365	+470	+620	+800
140	160	−520	−280	−210	—	−145	−85	—	−43	—	−14	0		−11	−18	—	+3	0	+15	+27	+43	+65	+100	+134	+190	+228	+280	+300	+415	+535	+700	+900
160	180	−580	−310	−230	—	−145	−85	—	−43	—	−14	0		−11	−18	—	+3	0	+15	+27	+43	+68	+108	+146	+210	+252	+310	+340	+465	+600	+780	+1000
180	200	−660	−340	−240	—	−170	−100	—	−50	—	−15	0		−13	−21	—	+4	0	+17	+31	+50	+77	+122	+166	+236	+284	+350	+380	+520	+670	+880	+1150
200	225	−740	−380	−260	—	−170	−100	—	−50	—	−15	0		−13	−21	—	+4	0	+17	+31	+50	+80	+130	+180	+258	+310	+385	+425	+575	+740	+960	+1250
225	250	−820	−420	−280	—	−170	−100	—	−50	—	−15	0		−13	−21	—	+4	0	+17	+31	+50	+84	+140	+196	+284	+340	+425	+520	+640	+820	+1050	+1350

续表

基本偏差		上极限偏差 es									js				下极限偏差 ei													
		a	b	c	cd	d	e	ef	f	fg	g	h		j			k		m	n	p	r	s	t	u	v	x	y	z	za	zb	zc
公称尺寸/mm		所有标准公差等级												公差等级									所有标准公差等级									
大于	至													5,6	7	8	4~7	≤3 >7														
250	280	−920	−480	−300		−190	−110		−56		−17	0		−16	−26		+4	0	+20	+34	+56	+94	+158	+218	+315	+385	+475	+580	+710	+920	+1200	+1550
280	315	−1050	−540	−330																			+98	+170	+240	+350	+425	+525	+650	+790	+1000	+1300	+1700
315	355	−1200	−600	−360		−210	−125		−62		−18	0		−18	−28		+4	0	+21	+37	+62	+108	+190	+268	+390	+475	+590	+730	+900	+1150	+1500	+1900
355	400	−1350	−680	−400																			+114	+208	+294	+435	+530	+660	+820	+1000	+1300	+1650	+2100
400	450	−1500	−760	−440		−230	−135		−68		−20	0		−20	−32		+5	0	+23	+40	+68	+126	+232	+330	+490	+595	+740	+920	+1100	+1450	+1850	+2400
450	500	−1650	−840	−480																			+132	+252	+360	+540	+660	+820	+1000	+1250	+1600	+2100	+2600

注：公称尺寸小于或等于1mm时，基本偏差 a 和 b 均不采用。公差带 js7~js11，若 IT_n 值是奇数，则取偏差 $=\pm\dfrac{IT_n-1}{2}$。

机械设计制造标准与标准化

表 3-4 公称尺寸≤500mm 的孔的基本偏差数值（摘自 GB/T 1800.1—2009） （单位：μm）

基本偏差	A	B	C	CD	D	E	EF	F	FG	G	H	JS	J			K		M		N		P~ZC	P	R	S	T	U	V	X	Y	Z	ZA	ZB	ZC	Δ值						
	下极限偏差 EI																				上极限偏差 ES																			
	所有标准公差等级												6	7	8	≤8	>8	≤8	>8	≤8	>8	≤7	>7												公差等级					
公称尺寸/mm																																			3	4	5	6	7	8
大于 至																																								
— 3	+270	+140	+60	+34	+20	+14	+10	+6	+4	+2	0	偏差=±$\frac{IT_n}{2}$ 式中 IT_n 是 IT 值数	+2	+4	+6	0	0	−2	−2	−4	−4		−6	−10	−14		−18		−20		−26	−32	−40	−60	0	0	0	0	0	0
3 6	+270	+140	+70	+46	+30	+20	+14	+10	+6	+4	0		+5	+6	+10	−1+Δ		−4+Δ	−4	−8+Δ	0		−12	−15	−19		−23		−28		−35	−42	−50	−80	1	1.5	1	3	4	6
6 10	+280	+150	+80	+56	+40	+25	+18	+13	+8	+5	0		+5	+8	+12	−1+Δ		−6+Δ	−6	−10+Δ	0		−15	−19	−23		−28		−34		−42	−52	−67	−97	1	1.5	2	3	6	7
10 14	+290	+150	+95		+50	+32		+16		+6	0		+6	+10	+15	−1+Δ		−7+Δ	−7	−12+Δ	0		−18	−23	−28		−33		−40		−50	−64	−90	−130	1	2	3	3	7	9
14 18																											−39	−45		−60	−77	−108	−150						
18 24	+300	+160	+110		+65	+40		+20		+7	0		+8	+12	+20	−2+Δ		−8+Δ	−8	−15+Δ	0		−22	−28	−35		−41	−47	−54	−63	−73	−98	−136	−188	1.5	2	3	4	8	12
24 30																							−41	−48	−55	−64	−75	−88	−118	−160	−218						
30 40	+310	+170	+120		+80	+50		+25		+9	0		+10	+14	+24	−2+Δ		−9+Δ	−9	−17+Δ	0		−26	−34	−43	−48	−60	−68	−80	−94	−112	−148	−200	−274	1.5	3	4	5	9	14
40 50	+320	+180	+130																							−54	−70	−81	−97	−114	−136	−180	−242	−325						
50 65	+340	+190	+140		+100	+60		+30		+10	0		+13	+18	+28	−2+Δ		−11+Δ	−11	−20+Δ	0		−32	−41	−53	−66	−87	−102	−122	−144	−172	−226	−300	−405	2	3	5	6	11	16
65 80	+360	+200	+150																					−43	−59	−75	−102	−120	−146	−174	−210	−274	−360	−480						
80 100	+380	+220	+170		+120	+72		+36		+12	0		+16	+22	+34	−3+Δ		−13+Δ	−13	−23+Δ	0		−37	−51	−71	−91	−124	−146	−178	−214	−258	−335	−445	−585	2	4	5	7	13	19
100 120	+410	+240	+180																					−54	−79	−104	−144	−172	−210	−254	−310	−400	−525	−690						
120 140	+460	+260	+200		+145	+85		+43		+14	0		+18	+26	+41	−3+Δ		−15+Δ	−15	−27+Δ	0		−43	−63	−92	−122	−170	−202	−248	−300	−365	−470	−620	−800	3	4	6	7	15	23
140 160	+520	+280	+210																					−65	−100	−134	−190	−228	−280	−340	−415	−535	−700	−900						
160 180	+580	+310	+230																					−68	−108	−146	−210	−252	−310	−380	−465	−600	−780	−1000						
180 200	+660	+340	+240		+170	+100		+50		+15	0		+22	+30	+47	−4+Δ		−17+Δ	−17	−31+Δ	0		−50	−77	−122	−166	−236	−284	−350	−425	−520	−670	−880	−1150	3	4	6	9	17	26
200 225	+740	+380	+260																					−80	−130	−180	−258	−310	−385	−470	−575	−740	−960	−1250						
225 250	+820	+420	+280																					−84	−140	−196	−284	−340	−425	−520	−640	−820	−1050	−1350						

续表

基本偏差	A	B	C	CD	D	E	EF	F	FG	G	H	JS	J			K		M			N		P~ZC	上极限偏差 ES											Δ值						
	下极限偏差 EI																							P	R	S	T	U	V	X	Y	Z	ZA	ZB	ZC						
公称尺寸/mm	所有标准公差等级												公差等级										≤7	>7																
大于	至												6	7	8	≤8	>8	≤8	>8	≤8	>8															3	4	5	6	7	8
250	280	+920	+480	+300		−190	−110		−56		−17	0		+25	+36	+55	−4+Δ		−20+Δ		−34+Δ	0		−56	−94	−158	−218	−315	−385	−475	−580	−710	−920	−1200	−1550	4	4	7	9	20	29
280	315	+1050	+540	+330																						−98	−170	−240	−350	−425	−525	−650	−790	−1000	−1300	−1700						
315	355	+1200	+600	+360		−210	−125		−62		−18	0		+29	+39	+60	−4+Δ		−21+Δ		−37+Δ	0		−62	−108	−190	−268	−390	−475	−590	−730	−900	−1150	−1500	−1900	4	5	7	11	21	32
355	400	+1350	+680	+400																						−114	−208	−294	−435	−530	−660	−820	−1000	−1300	−1650	−2100						
400	450	+1500	+760	+440		+230	−135		−68		−20	0		+33	+43	+66	−5+Δ		−23+Δ		−40+Δ	0		−68	−126	−232	−330	−490	−595	−740	−920	−1100	−1450	−1850	−2400	5	5	7	13	23	34
450	500	+1650	+840	+480																						−132	−252	−360	−540	−660	−820	−1000	−1250	−1600	−2100	−2600						

注：公称尺寸小于或等于 1mm 时，基本偏差 A、B 及大于 IT8 的 N 均不采用。公差带 JS7~JS11，若 IT_n 值是奇数，则取偏差 $=\pm\dfrac{IT_n-1}{2}$。

在"过渡配合或过盈配合"这部分区域,当非基准件的基本偏差一定时,由于基准件公差带大小不同,与非基准件的公差带可能交叠,也可能不交叠。当两公差带交叠时,形成过渡配合;不交叠时,形成过盈配合。

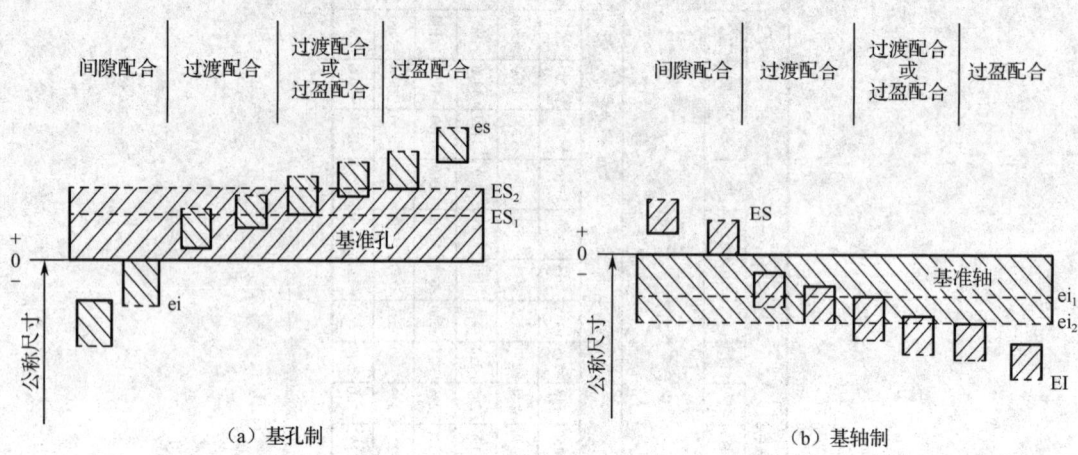

图 3-10 配合制

综上所述可知,各种配合是由孔、轴公差带之间的关系决定的,而公差带的大小和位置则分别由标准公差和基本偏差所决定。

3)配合代号的标法

基孔制:$\phi 50 \dfrac{H8-\text{孔的尺寸公差带}}{f7-\text{轴的尺寸公差带}}$ (凡分子中基本偏差为H者为基孔制)

基轴制:$\phi 50 \dfrac{F8-\text{孔的尺寸公差带}}{h7-\text{轴的尺寸公差带}}$ (凡分母中基本偏差为h者为基轴制)

$\phi 60 \dfrac{H8-\text{孔的尺寸公差带}}{h7-\text{轴的尺寸公差带}}$ (分子中含有H,同时分母中含有h的配合,一般视为基孔制配合,也可视为基轴制配合,因为分母中基本偏差为h者为基轴制)

3.7 国家标准规定的公差带与配合

1)一般、常用和优先的公差带

标准公差和基本偏差的数值根据国家标准可组成大量不同大小与位置的公差带,具有广泛选用公差带的可能性。从经济性出发,为避免刀具、量具的品种、规格过于繁杂,国家标准对公差带的选择多次加以限制。

孔的公差带:公称尺寸至 500mm 的孔的一般、常用和优先公差带如图 3-11 所示,有 105 种,在选用时,应优先选用圆圈中的公差带,其次选用方框中的公差带,最后选用其他公差带。

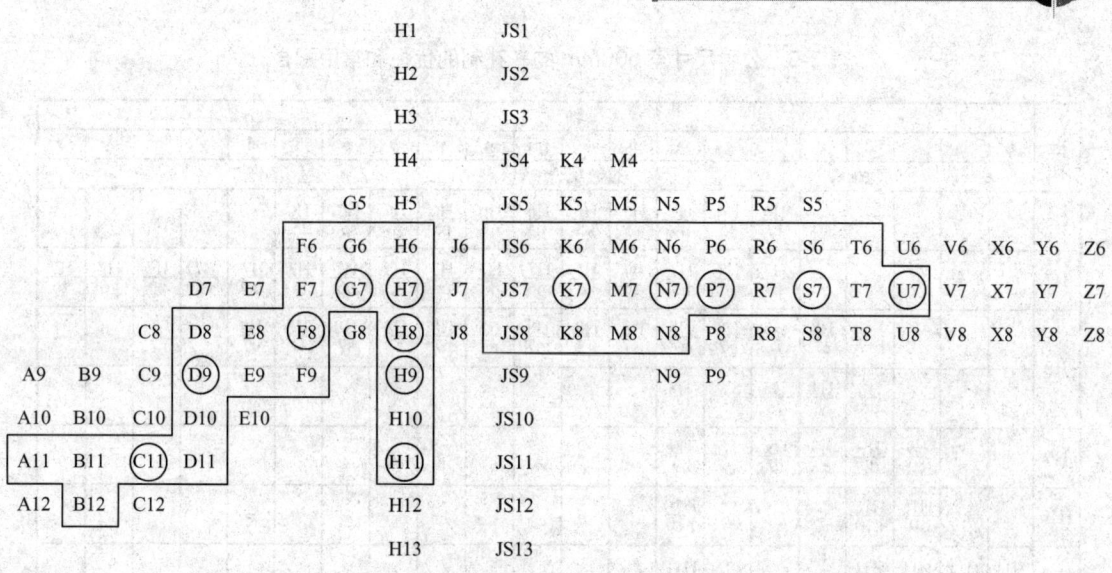

图 3-11　公称尺寸至 500mm 的孔的一般、常用和优先公差带

轴的公差带：公称尺寸至 500mm 的轴的一般、常用和优先公差带如图 3-12 所示，有 116 种，在选用时，应优先选用圆圈中的公差带，其次选用方框中的公差带，最后选用其他公差带。

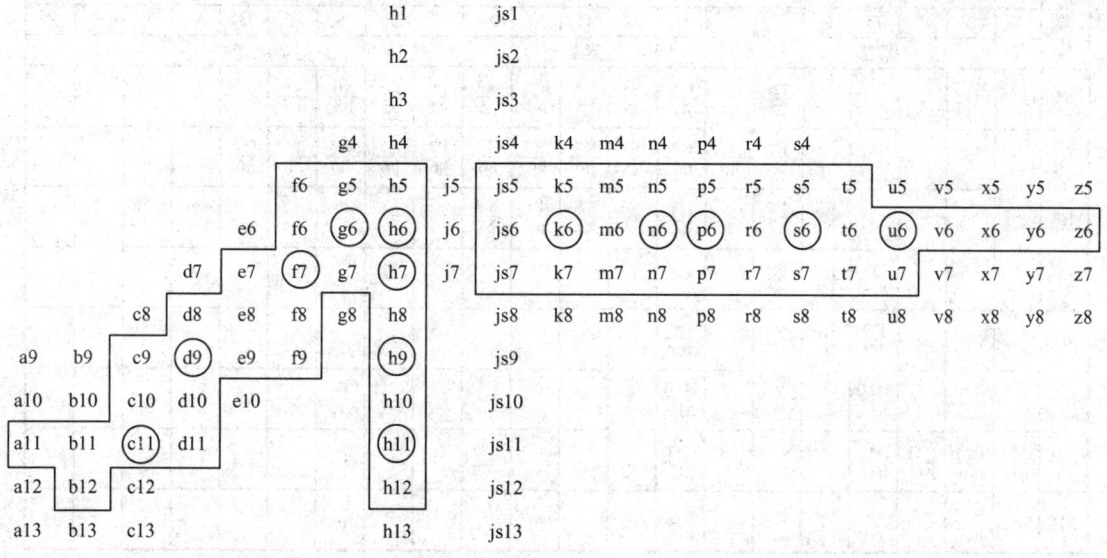

图 3-12　公称尺寸至 500mm 的轴的一般、常用和优先公差带

2）常用和优先配合

公称尺寸至 500mm 的基孔制的优先和常用配合如表 3-5 所示，公称尺寸至 500mm 的基轴制的优先和常用配合如表 3-6 所示。在选用时，首先选用表中的优先配合，其次选用常用配合。表中标注▼的配合为优先配合，其他为常用配合。

表 3-5　公称尺寸至 500mm 的基孔制的优先和常用配合

基准孔	轴																				
	a	b	c	d	e	f	g	h	js	k	m	n	p	r	s	t	u	v	x	y	z
	间隙配合								过渡配合				过盈配合								
H6						$\frac{H6}{f5}$	$\frac{H6}{g5}$	$\frac{H6}{h5}$	$\frac{H6}{js5}$	$\frac{H6}{k5}$	$\frac{H6}{m5}$	$\frac{H6}{n5}$	$\frac{H6}{p5}$	$\frac{H6}{r5}$	$\frac{H6}{s5}$	$\frac{H6}{t5}$					
H7						$\frac{H7}{f6}$	$\frac{H7}{g6}$	$\frac{H7}{h6}$	$\frac{H7}{js6}$	$\frac{H7}{k6}$	$\frac{H7}{m6}$	$\frac{H7}{n6}$	$\frac{H7}{p6}$	$\frac{H7}{r6}$	$\frac{H7}{s6}$	$\frac{H7}{t6}$	$\frac{H7}{u6}$	$\frac{H7}{v6}$	$\frac{H7}{x6}$	$\frac{H7}{y6}$	$\frac{H7}{z6}$
H8					$\frac{H8}{e7}$	$\frac{H8}{f7}$	$\frac{H8}{g7}$	$\frac{H8}{h7}$	$\frac{H8}{js7}$	$\frac{H8}{k7}$	$\frac{H8}{m7}$	$\frac{H8}{n7}$	$\frac{H8}{p7}$	$\frac{H8}{r7}$	$\frac{H8}{s7}$	$\frac{H8}{t7}$	$\frac{H8}{u7}$				
				$\frac{H8}{d8}$	$\frac{H8}{e8}$	$\frac{H8}{f8}$		$\frac{H8}{h8}$													
H9			$\frac{H9}{c9}$	$\frac{H9}{d9}$	$\frac{H9}{e9}$	$\frac{H9}{f9}$		$\frac{H9}{h9}$													
H10			$\frac{H10}{c10}$	$\frac{H10}{d10}$				$\frac{H10}{h10}$													
H11	$\frac{H11}{a11}$	$\frac{H11}{b11}$	$\frac{H11}{c11}$	$\frac{H11}{d11}$				$\frac{H11}{h11}$													
H12		$\frac{H12}{b12}$						$\frac{H12}{h12}$													

表 3-6　公称尺寸至 500mm 的基轴制的优先和常用配合

基准孔	孔																				
	A	B	C	D	E	F	G	H	JS	K	M	N	P	R	S	T	U	V	X	Y	Z
	间隙配合								过渡配合				过盈配合								
h5						$\frac{F6}{h5}$	$\frac{G6}{h5}$	$\frac{H6}{h5}$	$\frac{JS6}{h5}$	$\frac{K6}{h5}$	$\frac{M6}{h5}$	$\frac{N6}{h5}$	$\frac{P6}{h5}$	$\frac{R6}{h5}$	$\frac{S6}{h5}$	$\frac{T6}{h5}$					
h6						$\frac{F7}{h6}$	$\frac{G7}{h6}$	$\frac{H7}{h6}$	$\frac{JS7}{h6}$	$\frac{K7}{h6}$	$\frac{M7}{h6}$	$\frac{N7}{h6}$	$\frac{P7}{h6}$	$\frac{R7}{h6}$	$\frac{S7}{h6}$	$\frac{T7}{h6}$	$\frac{U7}{h6}$				
h7					$\frac{E8}{h7}$	$\frac{F8}{h7}$		$\frac{H8}{h7}$	$\frac{JS8}{h7}$	$\frac{K8}{h7}$	$\frac{M8}{h7}$	$\frac{N8}{h7}$									
h8				$\frac{D8}{h8}$	$\frac{E8}{h8}$	$\frac{F8}{h8}$		$\frac{H8}{h8}$													
h9				$\frac{D9}{h9}$	$\frac{E9}{h9}$	$\frac{F9}{h9}$		$\frac{H9}{h9}$													
h10				$\frac{D10}{h10}$				$\frac{H10}{h10}$													
h11	$\frac{A11}{h11}$	$\frac{B11}{h11}$	$\frac{C11}{h11}$	$\frac{D11}{h11}$				$\frac{H11}{h11}$													
h12		$\frac{B12}{h12}$						$\frac{H12}{h12}$													

3.8　公差与配合的选择

1）基准制的选择
- 尺寸精度较高的孔的加工和检验，常采用钻头、铰刀、量规等定值刀具和量具，孔的公差带位置固定，可减少刀具、量具的规格，有利于生产和降低成本。故一般情况下应优先选用基孔制。

- 一般 IT8 级左右的光轴已满足农业机械、纺织机械中某些轴类零件的精度要求，光轴可不再进行加工，因此采用基轴制减少加工流程较为经济合理，对于细小直径的轴尤为明显。
- 在与标准件配合时，基准制的选择要依据标准件而定，如滚动轴承外圈与壳体孔的配合应采用基轴制。
- 由于某些结构上的需要，要求采用基轴制，如柴油机活塞销同时与连孔和支承孔相配合，连杆要转动，故采用间隙配合，而与支承孔配合可紧些，采用过渡配合。如采用基孔制，活塞销需做成中间小、两头大的形状，这不仅对加工不利，同时装配也有困难，易拉毛连杆孔。改用基轴制后，活塞销尺寸不变，而连杆孔、支承孔分别按不同要求加工，较为经济合理，且便于安装。
- 在某些情况下，为了满足配合的特殊需要，允许采用混合配合。即孔和轴都不是基准件，如 M7/f7、K8/d8 等。一般用于同一孔（或轴）与几个轴（或孔）组成的配合。如与滚动轴承相配的轴承座孔必须采用基轴制，如孔用 M7；而端盖与轴承座孔的配合，由于要求经常拆卸，配合要松一些，设计选用最小间隙为零的间隙配合，即采用 $\phi 80M7/f7$ 混合配合。若采用 H7/h7，则轴承座孔要加工成微小阶梯，工艺上远不如加工光孔方便、经济。

2）公差等级的选择

选择公差等级应在满足机器使用要求的前提下，尽量选用低的公差等级。但在工艺条件许可，成本增加不多的情况下，也可适当提高公差等级，来保证机器的可靠性，延长机器的使用寿命，提供一定精度储备，以取得更好的经济效益。

- IT01～IT1 仅用于极个别、重要的高精度配合处。
- IT2～IT5 用于高精度和重要配合处，如精密机床主轴轴颈、主轴箱孔与轴承的配合等。
- IT5～IT8 用于精密配合，如机床传动轴与轴承、齿轮、带轮的配合，夹具中钻套与钻模板的配合，内燃机中活塞销与销孔的配合等。在此等级中，一般孔比轴选用的公差等级低一级，其中最常用的孔为 IT7，轴为 IT6。
- IT8～IT10 为中等精度配合，如速度不高的轴与轴承的配合、重型机械和农业机械中精度要求稍高的配合、键与键槽宽的配合等。
- IT11～IT13 用于不重要的配合，如铆钉与孔的配合。
- IT2～IT18 用于未注公差尺寸处的配合。

选择公差等级既要满足设计要求，也要考虑工艺的可能性和经济性。公差等级可用经验法选用，但在已知配合要求时也可用计算法确定公差等级。随着公差等级的提高，成本也随之提高。

3）配合的选择

A～H 和 a～h 与基准件配合，形成间隙配合；J～N 和 j～n 与基准件配合，基本上形成过渡配合；P～ZC 和 p～zc 与基准件配合，基本上形成过盈配合。配合的选择要考虑以下几点。

（1）配合件的工作情况。
- 相对运动情况：对于有相对运动的配合件，应选间隙配合，速度大则间隙大，速度小则间隙小。对于没有相对运动的配合件，需综合其他因素来选择，采用间隙、过盈或过渡配合均可。
- 负荷情况：如单位压力大则间隙小，在静连接中传力大和有冲击振动时，过盈要大。

- 定心精度要求：定心精度要求高时，选用过渡配合；定心精度要求不高时，可选用基本偏差 g 或 h 所组成的公差等级高的小间隙配合代替过渡配合。间隙配合和过盈配合不能保证定心精度。
- 装拆情况：有相对运动且经常装拆时，采用 g 或 h 组合的配合；无相对运动且装拆频繁时，一般用 g、h 或 j、js 组成的配合；不经常装拆时，可用 k 组成的配合；对基本不拆的配合，用 m 或 n 组成的配合。另外，当机器内部空间较小时，为了装配零件方便，虽然零件装上后不需再拆，只要工作情况允许，也要选过盈不大或有间隙的配合。
- 工作温度：当配合件的工作问题和装配温度相差较大时，必须考虑装配间隙在工作时发生的变化。

（2）在高温或低温条件下工作时，如果配合件材料的线膨胀系数不同，配合间隙（或过盈）应进行修正计算。

（3）配合件的生产批量：单件小批量生产时，孔往往接近最小极限尺寸，轴往往接近最大极限尺寸，造成孔轴配合偏紧，因此间隙应适当放大些。

（4）应尽量采用优先配合，其次采用常用配合。

（5）应考虑几何公差和表面粗糙度对配合性质的影响。

（6）选择过盈配合时，由于过盈量的大小对配合性质的影响比间隙更为敏感，因此，要综合考虑更多因素，如配合件的直径、长度、工件材料的力学特性、表面粗糙度、形位公差、配合后产生的应力和夹紧力，以及所需的装配力和装配方法等。

归纳公差与配合的选用步骤如下：
- 选择基准制（基孔、基轴制）——在满足使用要求的前提下确定合适的公差等级。
- 配合的选择（间隙、过渡和过盈配合）——确定相配件的基本公差。优先选择如表 3-5 和表 3-6 所示的优先和常用配合。

习题

3-1 某孔的公称尺寸为 $\phi 25mm$，最大极限尺寸为 $\phi 25.053mm$，最小极限尺寸为 $\phi 25.020mm$，与其配合的轴的最大极限尺寸为 $\phi 25mm$，最小极限尺寸为 $\phi 24.979mm$，试计算偏差的值，并绘制公差带图。

3-2 $\phi 50H10$ 的孔和 $\phi 50js10$ 的轴配合，已知 IT10=0.100mm，求 ES、EI、es、ei，并绘出公差带图。

3-3 说明下面两个例子分别属于何种配合制，求出下列孔、轴的上、下极限偏差数值，并说明哪个为基本偏差，绘出公差带图。

（1）$\phi 50 \dfrac{E8}{h7}$　　（2）$\phi 60 \dfrac{H8}{m7}$

3-4 说明下列配合属于哪种基准制的哪种类型的配合，确定其配合的极限间隙（过盈）和配合公差，并画出其公差带图。

（1）$\phi 50 \dfrac{H8}{f7}$　　（2）$\phi 60 \dfrac{K8}{h7}$　　（3）$\phi 30 \dfrac{H7}{p6}$

第4章 几何公差

几何公差用于限定点、线、面等几何要素的形状误差和位置误差的允许变动范围。几何公差和尺寸公差配合，可以更好地满足零件互换性的要求。通过本章的学习，读者可以了解有关几何公差的术语和定义，掌握几何公差的特征、符号和标注方法，理解四类公差的含义和公差带形式，理解公差原则的应用方法，了解几何公差的选择原则。

本章内容涉及的相关标准主要有：
- GB/T 1182—2018《产品几何技术规范（GPS）几何公差 形状、方向、位置和跳动公差标注》；
- GB/T 17851—2010《产品几何技术规范（GPS）几何公差 基准和基准体系》；
- GB/T 1184—1996《形状和位置公差 未注公差值》；
- GB/T 1958—2017《产品几何技术规范（GPS）几何公差 检测与验证》；
- GB/T 13319—2003《产品几何量技术规范（GPS）几何公差 位置度公差注法》。

4.1 有关术语及定义

几何公差旧称形位公差。机械加工后零件的实际要素相对于理想要素总是有误差的，包括形状误差和位置误差。这类误差影响机械产品的功能，设计时应规定相应的公差，并按规定的标准符号标注在图样上。20世纪50年代前后，工业化国家就有形位公差标准。国际标准化组织（ISO）于1969年公布了形位公差标准，在1978年推荐了形位公差检测原理和方法。我国于1980年颁布了形状和位置公差标准，其中包括检测规定。在1996年、2008年、2018年分别做了修正，其中2008版更名为几何公差，2018版增加了三维标注的图例。

任何零件都是由点、线、面构成的，这些点、线、面称为几何要素。

1）组成要素

组成要素是指面或面上的线。组成要素是实有定义的，比如球面、圆锥面、圆柱面、端平面，以及圆锥面和圆柱面的素线等。

2）导出要素

导出要素是指由一个或几个组成要素得到的中心点、中心线或中心面等。例如，球心是由球面得到的导出要素，该球面为组成要素。圆柱的中心线是由圆柱面得到的导出要素，该圆柱面为组成要素。

3) 尺寸要素

尺寸要素是指由一定大小的线性尺寸或角度尺寸确定的几何形状。尺寸要素可以是圆柱形、球形、两平行对应面、圆锥形或楔形。

4) 公称组成要素/公称导出要素

由技术制图或其他方法确定的理论正确组成要素，称为公称组成要素。由一个或几个公称组成要素导出的中心点、轴线或中心平面，称为公称导出要素。

5) 工件实际表面

工件实际表面是指实际存在并将整个工件与周围介质分隔的一组要素。实际（组成）要素是由接近实际（组成）要素所限定的工件实际表面的组成要素部分。

6) 提取组成要素/提取导出要素

按规定的方法由实际（组成）要素提取有限数目的点并形成实际（组成）要素的近似替代，称为提取组成要素。该替代（的方法）由要素所要求的功能确定。每个实际（组成）要素可以有几个这种替代。提取导出要素是由一个或几个提取组成要素得到的中心点、中心线或中心面。提取圆柱面的导出中心线称为提取中心线；两相对提取平面的导出中心面称为提取中心面。

7) 拟合组成要素/拟合导出要素

按规定的方法由提取组成要素形成的并具有理想形状的组成要素，称为拟合组成要素。由一个或几个拟合组成要素导出的中心点、轴线或中心平面，称为拟合导出要素。

8) 公差带

公差带是指由一个或两个理想的几何要素或面要素所限定的，由一个或多个线性尺寸表示公差值的区域。

4.2 几何公差的特征、符号和标注

1) 几何公差的特征和符号

国家标准 GB/T 1182—2008 规定的几何公差的特征项目分为形状公差、方向公差、位置公差和跳动公差四大类，共有 19 项，用 14 种特征符号表示，几何特征符号如表 4-1 所示。其中，形状公差的几何特征有 6 种，它们没有基准要求；方向公差的几何特征有 5 种；位置公差的几何特征有 6 种；跳动公差的几何特征有 2 种，它们都有基准要求。没有基准要求的线、面轮廓度公差属于形状公差，而有基准要求的线、面轮廓度公差则属于方向公差。

表 4-1 几何特征符号

公差类型	几何特征	符号	有无基准	公差类型	几何特征	符号	有无基准
形状公差	直线度	—	无	位置公差	位置度	⊕	有或无
	平面度	▱	无		同心度（用于中心点）	◎	有
	圆度	○	无		同轴度（用于轴线）	◎	有
	圆柱度	⌭	无		对称度	═	有
	线轮廓度	⌒	无		线轮廓度	⌒	有
	面轮廓度	⌓	无		面轮廓度	⌓	有

续表

公差类型	几何特征	符号	有无基准	公差类型	几何特征	符号	有无基准
方向公差	平行度	∥	有	跳动公差	圆跳动	↗	有
	垂直度	⊥	有		全跳动	↗↗	有
	倾斜度	∠	有				
	线轮廓度	⌒	有				
	面轮廓度	⌒	有				

2）几何公差的标注方法

几何公差规范标注的组成包括公差框格、可选的辅助平面和要素标注，以及可选的相邻标注（补充标注），几何公差规范标准的元素如图 4-1 所示。

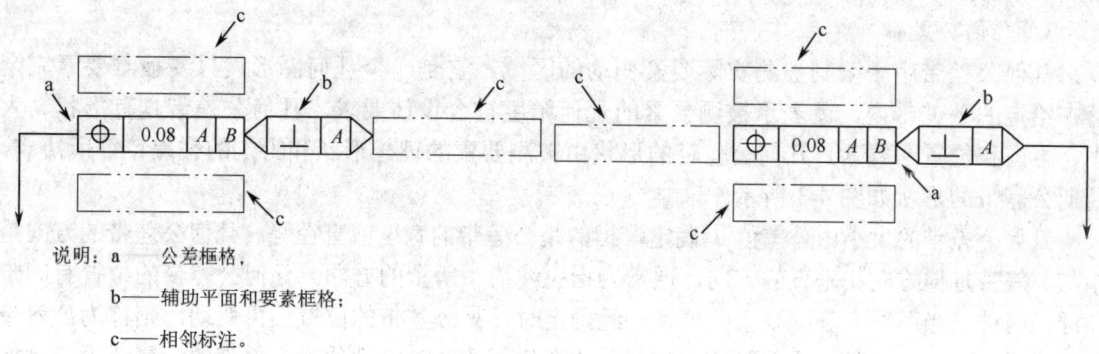

说明：a——公差框格；
　　　b——辅助平面和要素框格；
　　　c——相邻标注。

图 4-1　几何公差规范标注的元素

几何公差规范应使参照线与指引线相连。如果没有可选的辅助平面或要素标注，参照线应与公差框格的左侧或右侧中点相连。如果有可选的辅助平面和要素标注，参照线应与公差框格的左侧中点或最后一个辅助平面和要素框格的右侧中点相连。此标注同时适用于二维与三维标注。

公差要求标注在划分成两个部分或三个部分的矩形框格内，即图 4-2（a）所示的公差框格。第三个部分为可选的基准部分，可包含一至三格，基准符号见图 4-2（b）。

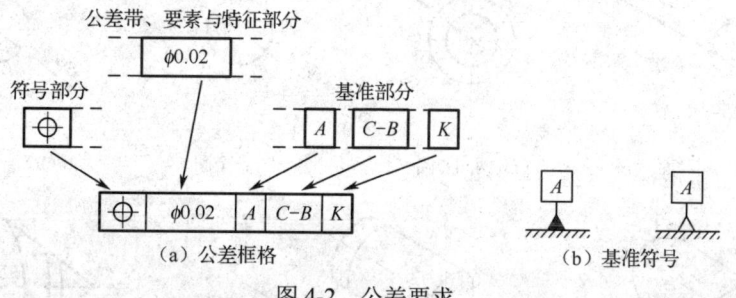

图 4-2　公差要求

两格的公差框格一般用于形状公差，多格的公差框格一般用于方向、位置和跳动公差。公差框格中的内容从左至右顺序填写。

● 符号部分：填写几何特征符号；
● 公差带、要素与特征部分：含有公差值和有关符号；

● 基准部分：基准字母及有关符号。

代表基准的字母（包括基准符号方框中的字母）用大写英文字母（为不引起误解，不使用 E、I、J、M、O、P、L、R、F）表示。单一基准由一个字母表示；公共基准采用由横线隔开的两个字母表示；基准体系由两个或三个字母表示。按基准的先后次序从左至右排列，分别为第Ⅰ基准、第Ⅱ基准和第Ⅲ基准。

带箭头的指引线应指向相应的被测要素。当被测要素为组成要素时，指引线的箭头应置于要素的轮廓线或其延长线上，并与尺寸线明显错开。当被测要素为导出要素时，指引线的箭头应与该要素的尺寸线对齐。指引线原则上只能从公差框格的一端引出一条，可以曲折，但一般不得多于两次。

相对于被测要素的基准，用基准符号表示在基准要素上，如图 4-2（b）所示。字母应与公差框格内的字母相对应，并均应水平书写。

3）几何公差带

几何公差带用于限制被测实际要素变动的区域，它是一个几何图形，只要被测要素完全落在给定的公差带内，就表示被测要素的几何精度符合设计要求。几何公差带具有形状、大小、方向和位置四要素。几何公差带的形状由被测要素的理想形状和给定的公差特征所决定。几何公差带的形状如图 4-3 所示。

几何公差带的大小由公差值 t 确定，指的是公差带的宽度或直径等。几何公差带的方向是指与公差带延伸方向相垂直的方向，通常为指引线箭头所指的方向。几何公差带的位置有固定和浮动两种。当图样上基准要素的位置一经确定时，其公差带的位置不再变动，则称为公差带的位置固定；当公差带的位置可随实际尺寸的变化而变动时，则称为公差带的位置浮动。例如同轴度，其公差带与基准轴线共轴而且固定；而平面度，则随实际平面所处的位置不同而浮动。

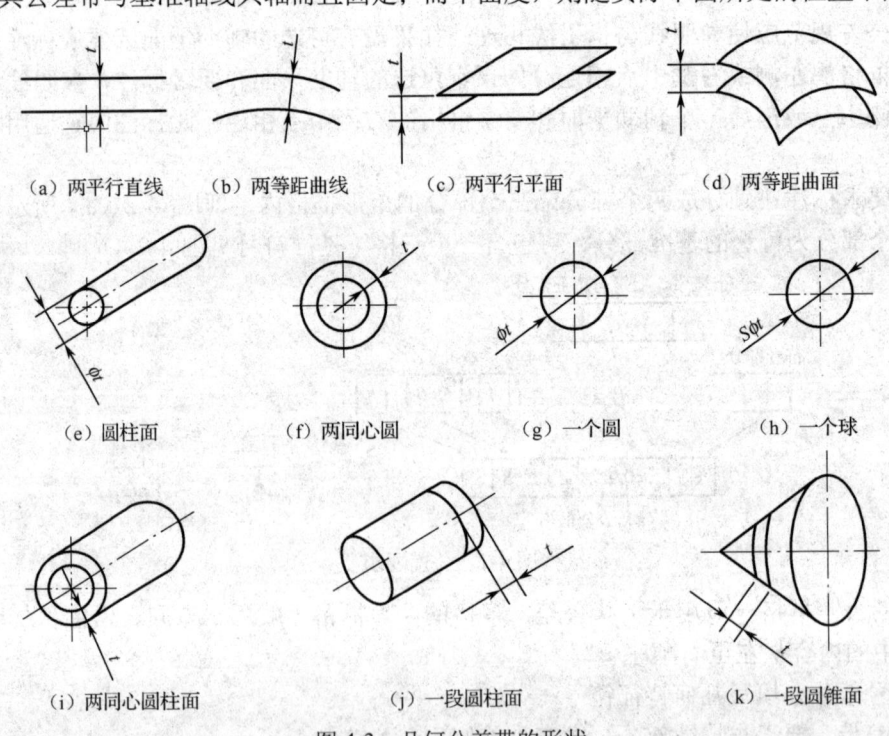

图 4-3 几何公差带的形状

4.3 几何公差的定义

4.3.1 形状公差

形状公差是指单一实际要素的形状所允许的变动全量。形状公差带是限制实际被测要素变动的一个区域。形状公差有直线度、平面度、圆度、圆柱度,以及无基准的线轮廓度、面轮廓度六项。典型的形状公差的定义、标注和公差带如表 4-2 所示,轮廓度公差的定义、标注和公差带如表 4-3 所示。

形状公差带(轮廓度除外)的特点是不涉及基准、无确定的方向和固定的位置。它的方向和位置随相应实际要素的不同而浮动。

轮廓度的公差带具有如下特点:
(1)无基准要求的轮廓度,其公差带的形状只由理论正确尺寸决定。
(2)有基准要求的轮廓度,其公差带的方向、位置需由理论正确尺寸和基准来决定。

表 4-2 典型的形状公差的定义、标注和公差带

特征		标注示例和解释	公差带的定义
直线度(线要素)	规定平面	在由相交平面框格规定的平面内,上表面的提取(实际)线应限定在间距等于 0.1mm 的两平行直线之间。 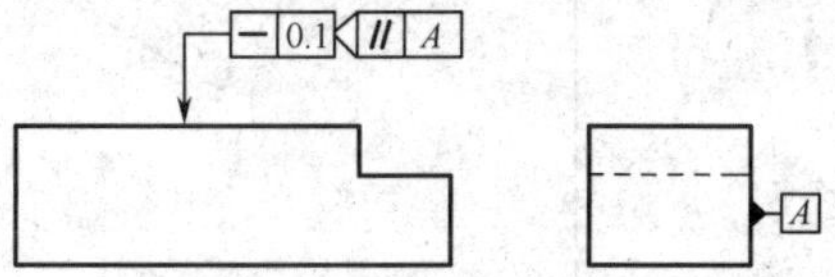 (a) 2D 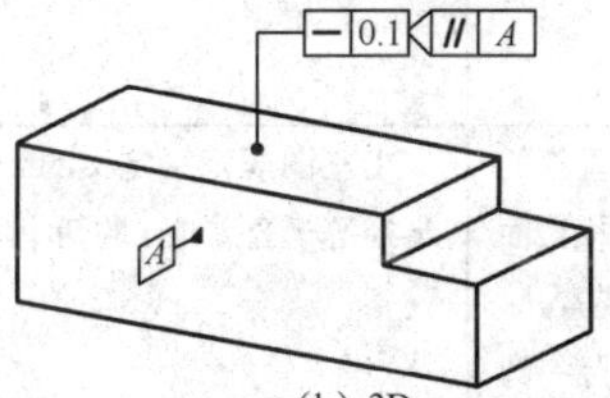 (b) 3D	由左图规范所定义的公差带为平行于(相交平面框格给定的)基准 A 的给定平面内与给定方向上、间距等于公差值 t 的两平行直线所限定的区域。 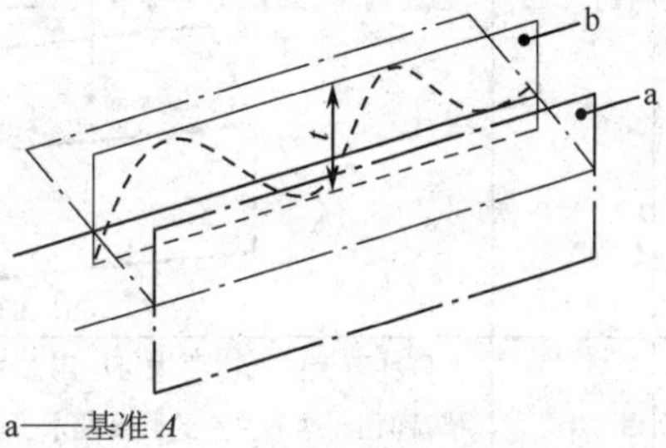 a——基准 A b——平行于基准 A 的相交平面
	圆柱表面	圆柱表面的提取(实际)棱边应限定在间距等于 0.1mm 的两平行平面之间。 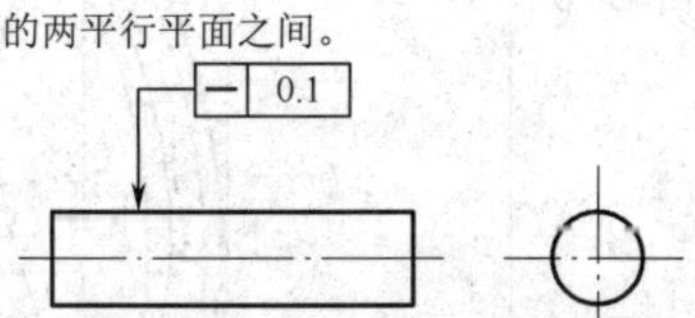 (a) 2D 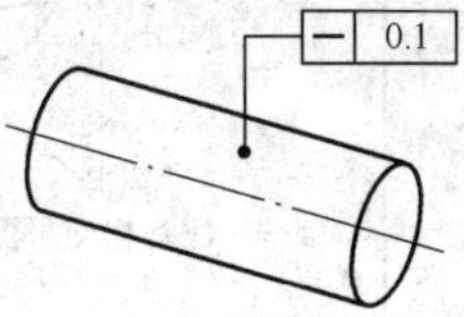 (b) 3D	由左图规范所定义的公差带为间距等于公差值 t 的两平行平面所限定的区域。 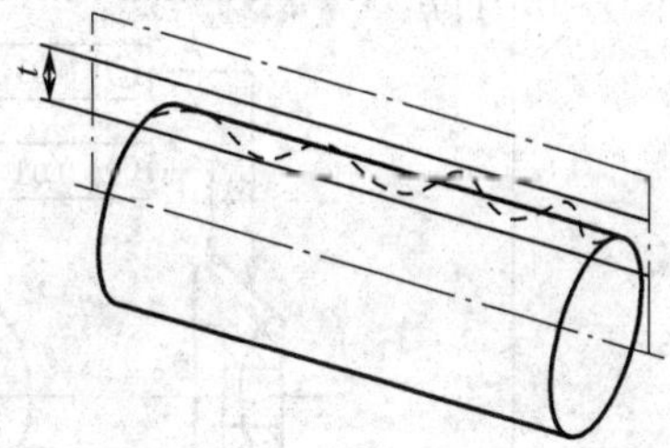

续表

特　征		标注示例和解释	公差带的定义
直线度（线要素）	圆柱面的提取（实际）中心线	圆柱面的提取（实际）中心线应限定在直径等于 ϕ0.8mm 的圆柱面内。 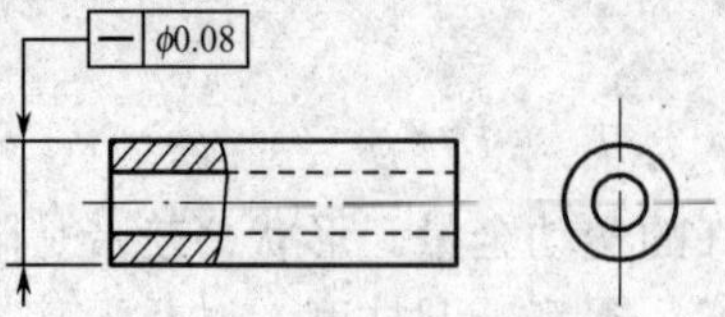 （a）2D 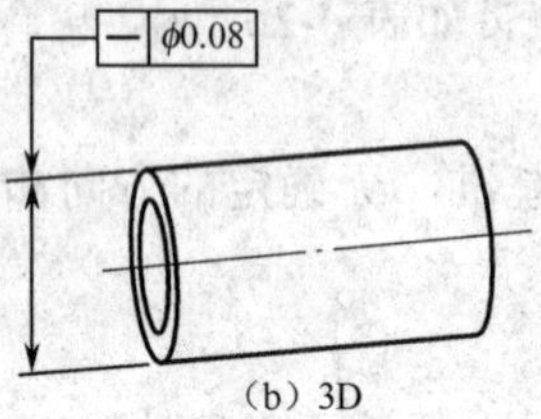 （b）3D	由于公差值前加注了直径符号 ϕ，所以由左图规范所定义的公差带为直径等于公差值 t 的圆柱面所限定的区域。 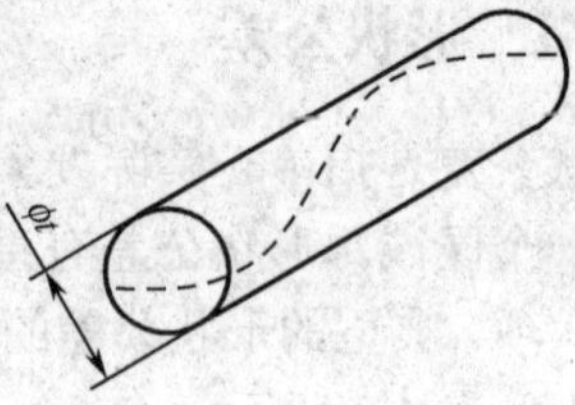
平面度（面要素）		提取（实际）表面应限定在间距等于 0.08mm 的两平行平面之间。 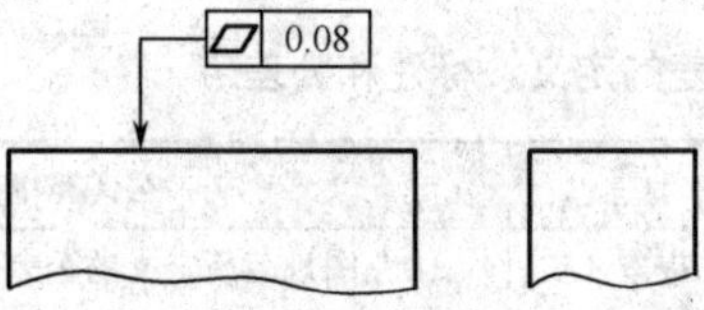 （a）2D 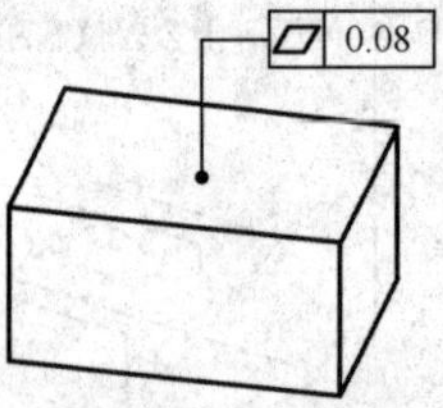 （b）3D	由左图规范所定义的公差带为间距等于公差值 t 的两平行平面所限定的区域。 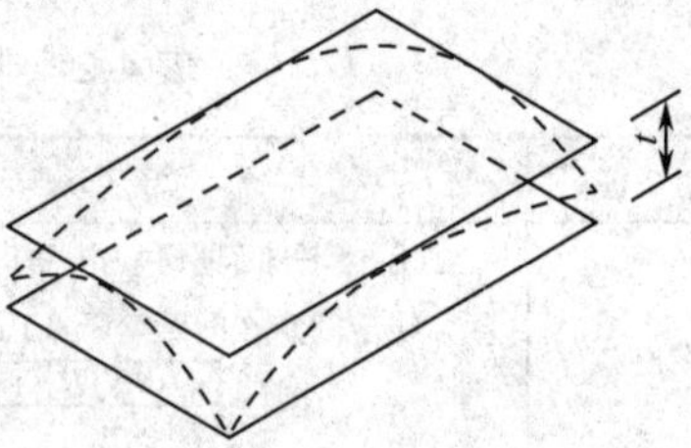
圆度（线要素）		圆柱要素的圆度要求可应用在与被测要素轴线垂直的横截面上。球形要素的圆度要求可用在包含球心的横截面上；非圆柱体或非球体的回转体表面应标注方向要素。 在圆柱面与圆锥面的任意横截面内，提取（实际）圆周应限定在半径差等于 0.03mm 的两共面同心圆之间。这是圆柱表面的缺省应用方式，而对于圆锥表面则应使用方向要素框格进行标注。 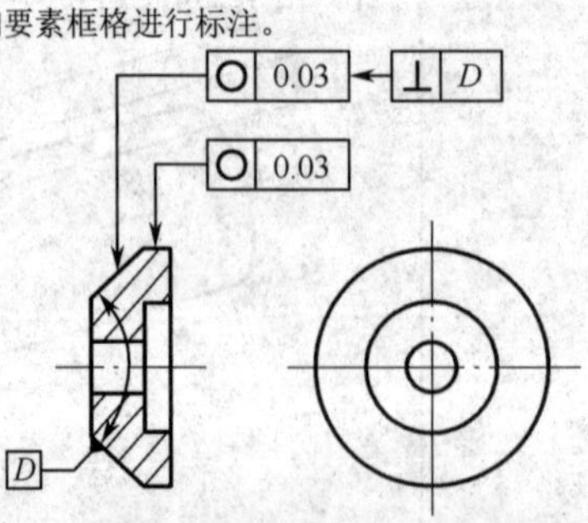 （a）2D	由左图规范所定义的公差带为在给定横截面内，半径等于公差值 t 的两个同心圆所限定区域。 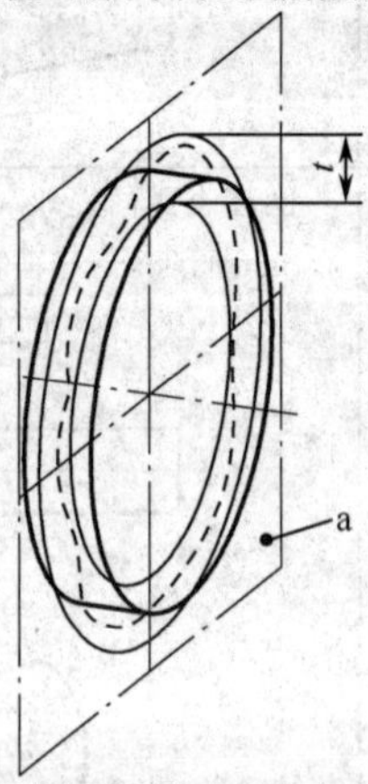 a——任意相交平面（任意横截面）

续表

特　征		标注示例和解释	公差带的定义
圆度（线要素）		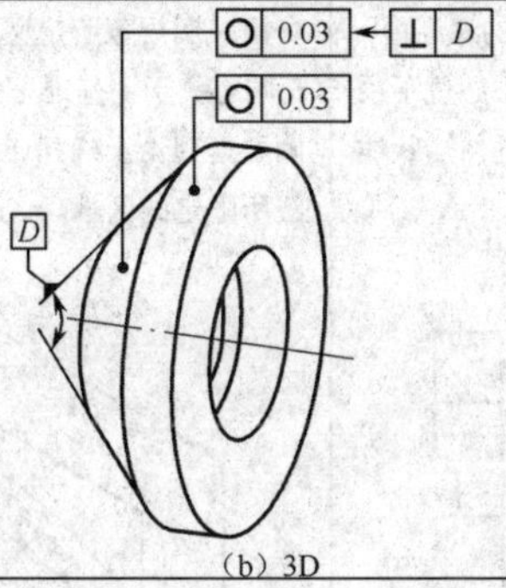 （b）3D（标注：○ 0.03 ⊥ D，○ 0.03，基准 D）	
圆柱度（面要素）		提取（实际）圆柱表面应限定在半径差等于 0.1mm 的两同轴圆柱面之间。 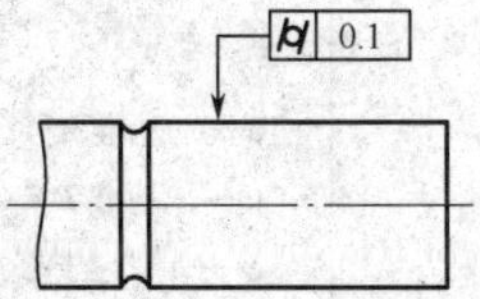 （a）2D（标注：⌭ 0.1） 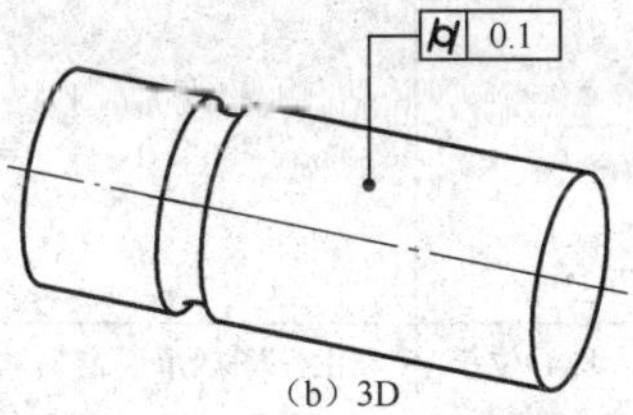 （b）3D（标注：⌭ 0.1）	由左图规范所定义的公差带为半径差等于公差值 t 的两个同轴圆柱面所限定的区域。 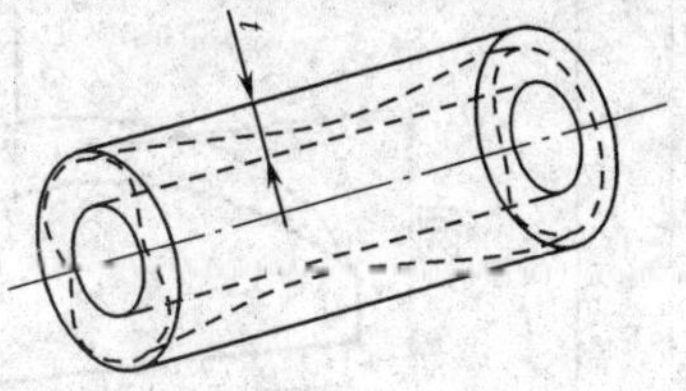

表 4-3　轮廓度公差的定义、标注和公差带

特　征		标注示例和解释	公差带的定义
线轮廓度（线要素）	无基准	在任一平行于基准平面 A 的截面内，如相交平面框格所规定的，提取（实际）轮廓线应限定在直径等于 0.04mm、圆心位于理论正确几何形状上的一系列圆的两等距包络线之间。可使用 UF 表示，组合要素上的三个圆弧部分应组成联合要素。 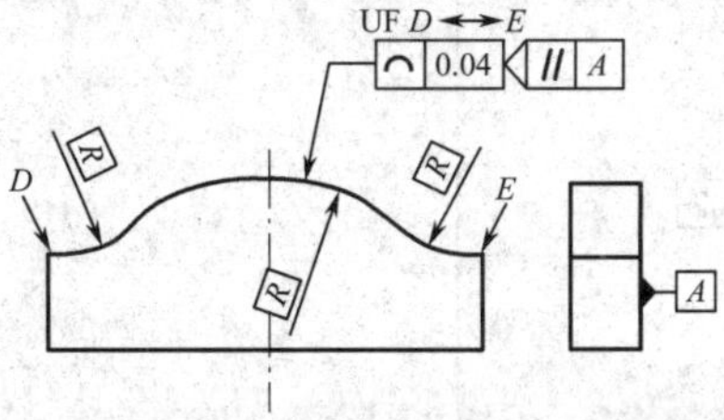 （标注：UF D↔E，⌒ 0.04 ∥ A） （a）2D 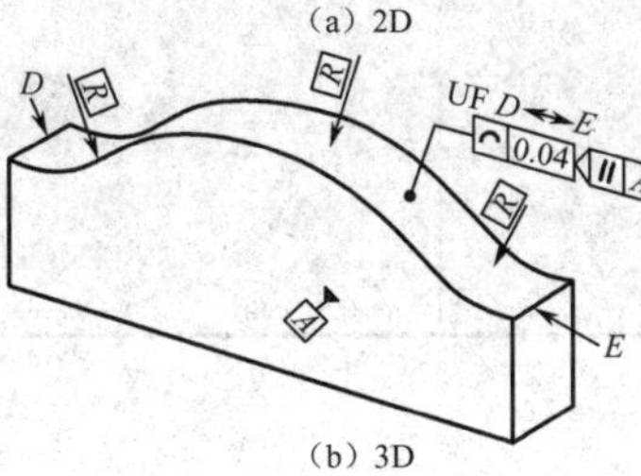 （b）3D	由左图规范所定义的公差带为直径等于公差值 t、圆心位于具有理论正确几何形状上的一系列圆的两包络线所限定的区域。 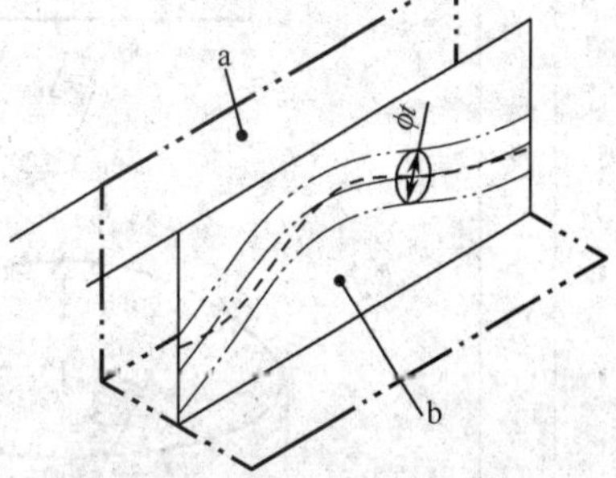 a——基准平面 A b——平行于基准平面 A 的平面

续表

特征		标注示例和解释	公差带的定义
线轮廓度（线要素）	有基准	在任一由相交平面框格规定的平行于基准平面A的截面内，提取（实际）轮廓线应限定在直径等于 0.04mm、圆心位于由基准平面A与基准平面B确定的被测要素理论正确几何形状线上的一系列圆的两等距包络线之间。 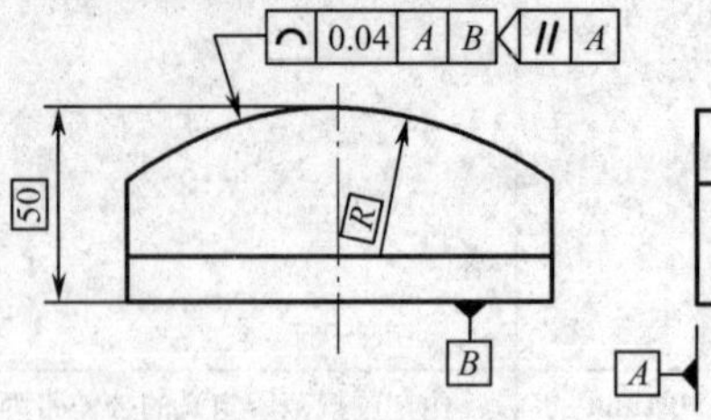 (a) 2D 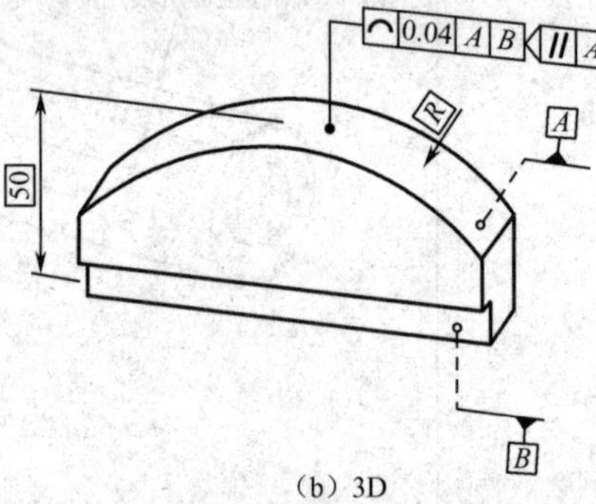 (b) 3D	由左图规范所定义的公差带为直径等于公差值 t、圆心位于由基准平面A与基准平面B确定的被测要素理论正确几何形状上的一系列圆的两包络线所限定的区域。 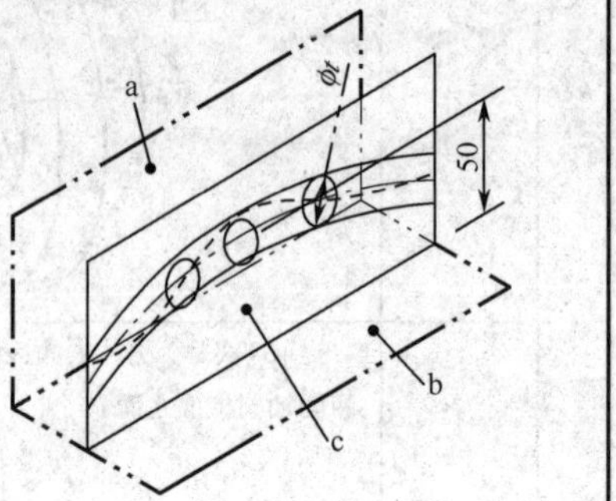 a——基准A b——基准B c——平行于基准A的平面
面轮廓度（面要素）	无基准	提取（实际）轮廓面应限定在直径等于 0.02mm、球心位于被测要素理论正确几何形状表面上的一系列圆球的两等距包络面之间。 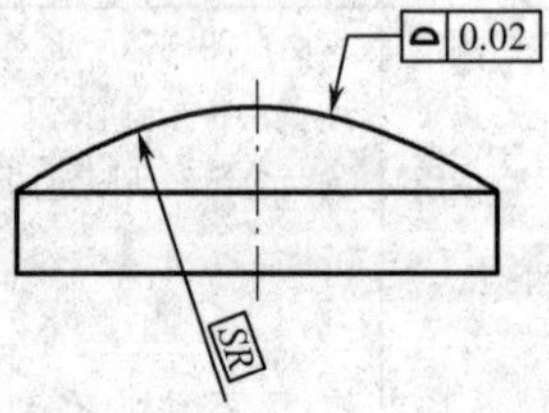 (a) 2D 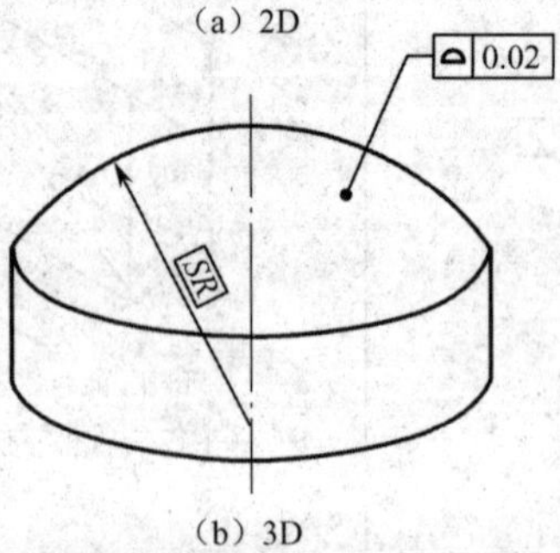 (b) 3D	由左图规范所定义的公差带为直径等于公差值 t、球心位于理论正确几何形状上的一系列圆球的两个包络面所限定的区域。 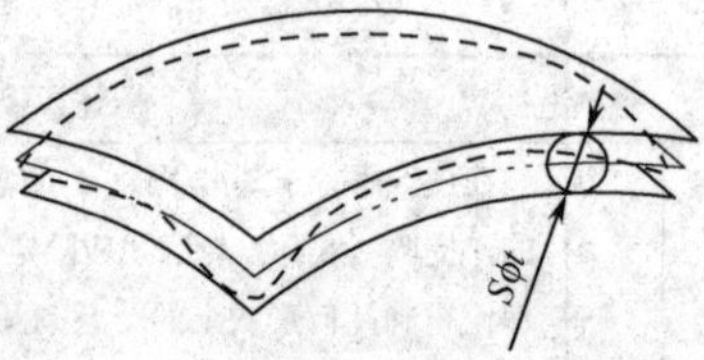

续表

特 征		标注示例和解释	公差带的定义
面轮廓度（面要素）	有基准	提取（实际）轮廓面应限定在直径距离等于 0.1mm、球心位于由基准平面 A 确定的被测要素理论正确几何形状上的一系列圆球的两等距包络面之间。 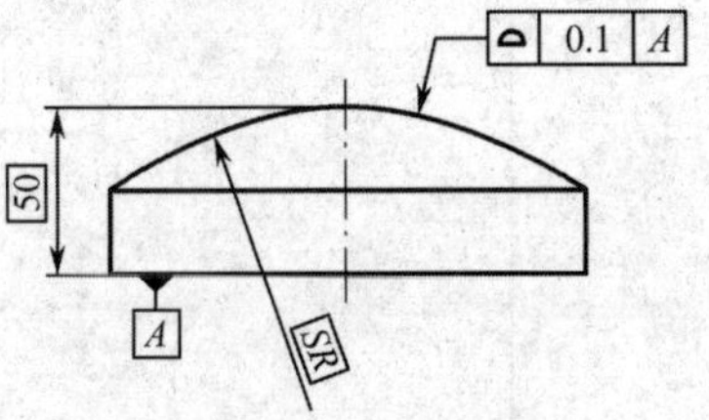 （a）2D 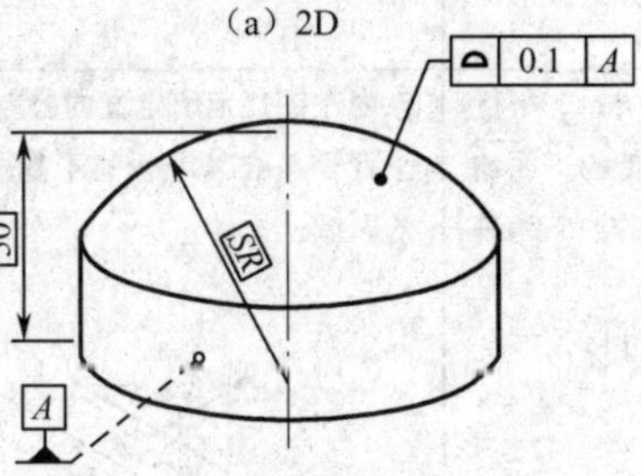 （b）3D	由左图规范所定义的公差带，为直径等于公差值 t、球心位于由基准平面 A 确定的被测要素理论正确几何形状上的一系列圆球的两包络面所限定的区域。 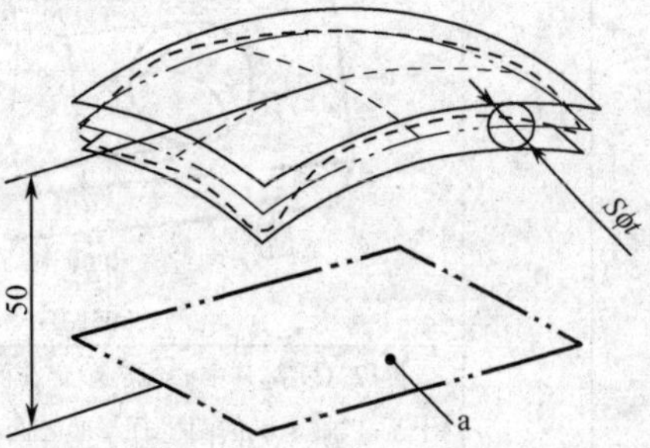 a——基准 A

4.3.2 方向公差

方向公差是关联实际要素对基准在方向上允许的变动全量。方向公差有平行度、垂直度、倾斜度、线轮廓度和面轮廓度五项。典型的方向公差的定义、标注和公差带如表 4-4 所示。

方向公差带具有如下特点：

（1）方向公差带相对基准有确定的方向。

（2）方向公差带具有综合控制被测要素的方向和形状的职能。在保证功能要求的前提下，对被测要素给出方向公差后，通常对该要素不再给出形状公差。如果功能需要对形状精度有进一步要求时，可同时给出形状公差，且形状公差值应小于方向公差值。

表 4-4 典型的方向公差的定义、标注和公差带

特 征		标注示例	公差带的定义
平行度	相对于基准体系	提取（实际）中心线应限定在间距等于 0.1mm、平行于基准轴线 A 的两平行平面之间。限定公差带的平面均平行于由定向平面框格规定的基准平面 B，基准 B 为基准 A 的辅助基准。 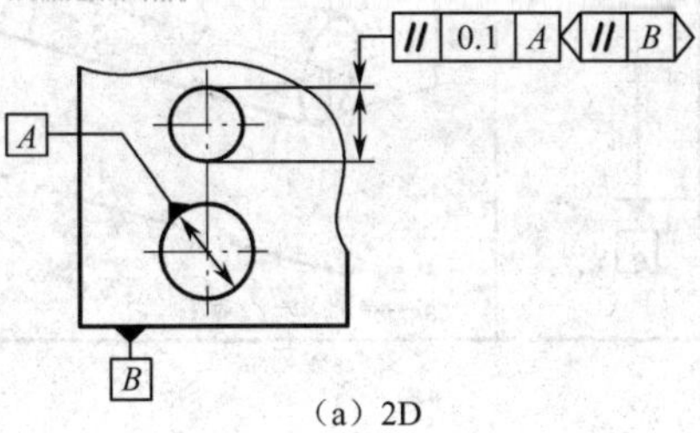 （a）2D	由左图规范所定义的公差带为间距等于公差值 t、平行于两基准且沿规定方向的两平行平面所限定的区域。 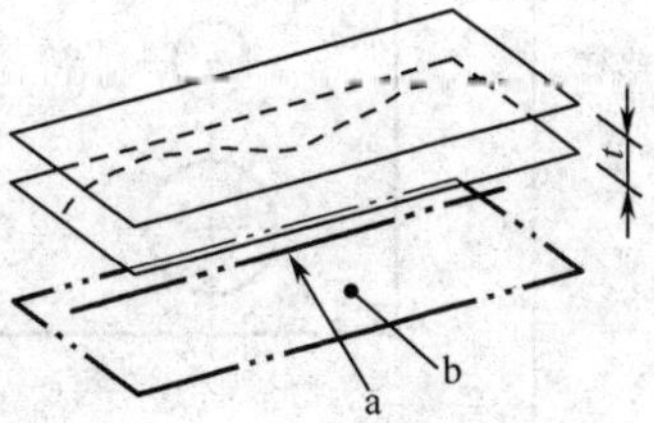 a——基准 A b——基准 B

续表

特　征		标 注 示 例	公差带的定义
平行度	相对于基准体系	(b) 3D 图（标注 ∥ 0.1 A ∥ B） 提取（实际）中心线应限定在间距等于 0.1mm、平行于基准轴线 A 的两平行平面之间。限定公差带的平面均垂直于由定向平面框格规定的基准平面 B。基准 B 为基准 A 的辅助基准。 (a) 2D 图（标注 ∥ 0.1 A ⊥ B） (b) 3D 图（标注 ∥ 0.1 A ⊥ B）	由左图规范所定义的公差带为间距等于公差值 t、平行于基准 A 且垂直于基准 B 的两平行平面所限定的区域。 a——基准 A b——基准 B
	线对线	提取（实际）中心线应限定在平行于基准轴线 A、直径等于 0.03mm 的圆柱面内。 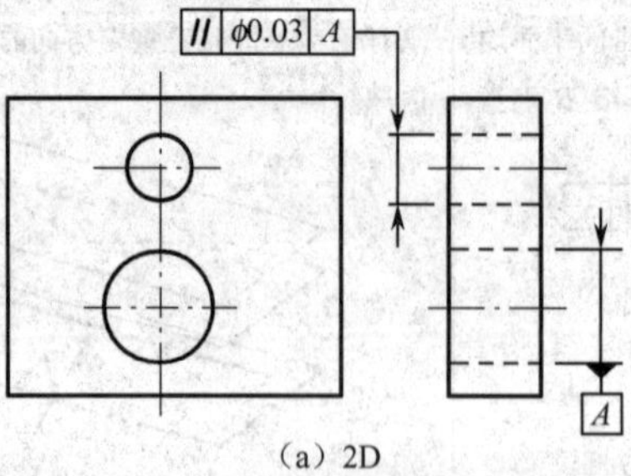 ∥ ϕ0.03 A (a) 2D	若公差值前加注了符号 ϕ，则由左图规范所定义的公差带为平行于基准轴线、直径等于公差值 t 的圆柱面所限定的区域。 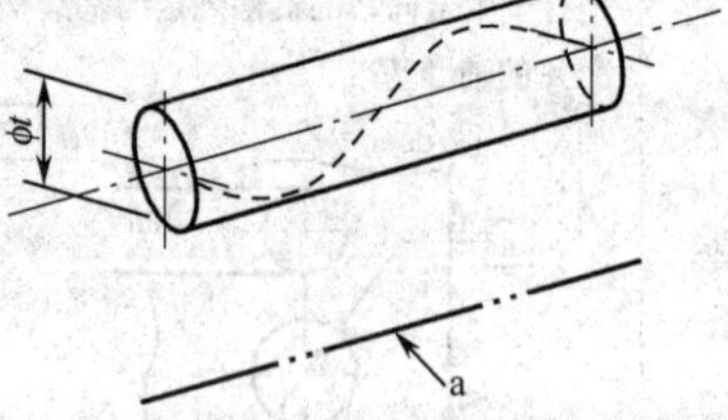 a——基准 A

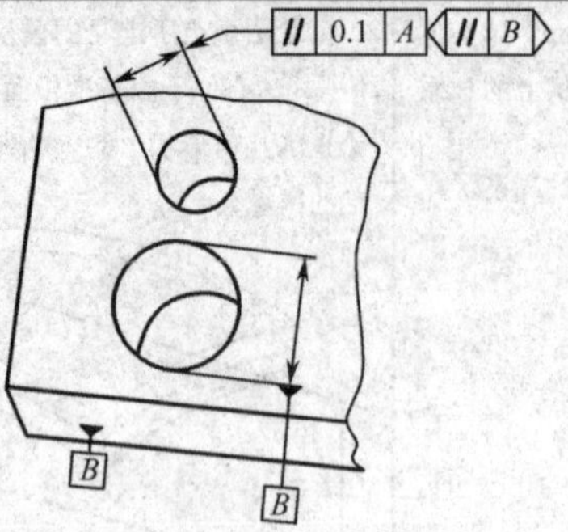

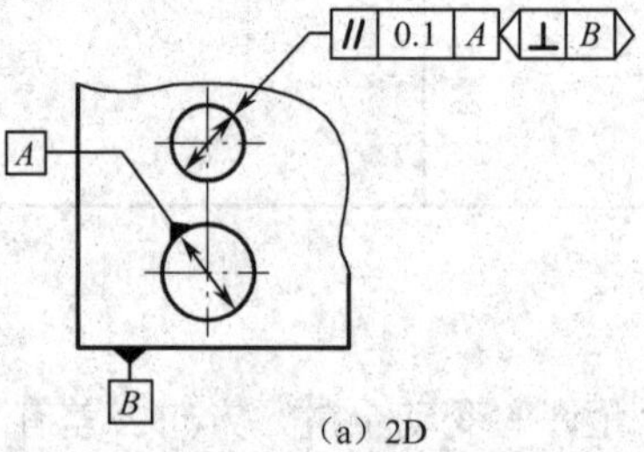

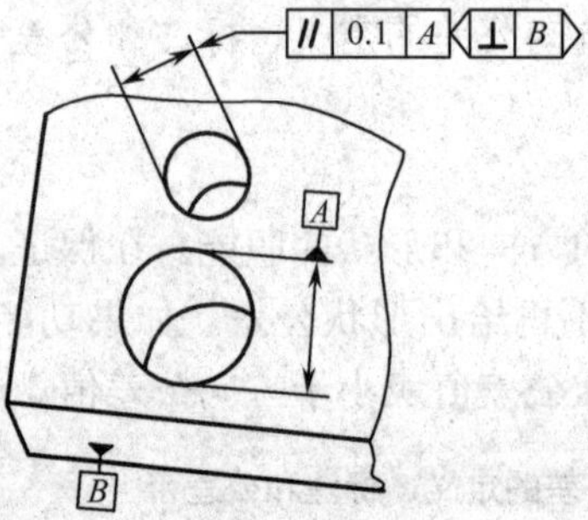

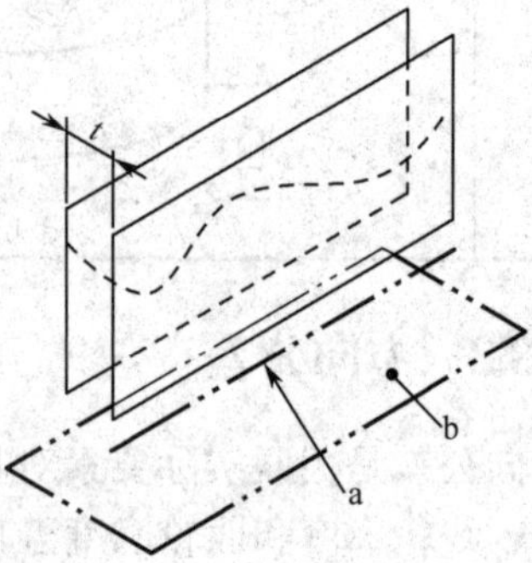

续表

特 征		标 注 示 例	公差带的定义
平行度	线对线	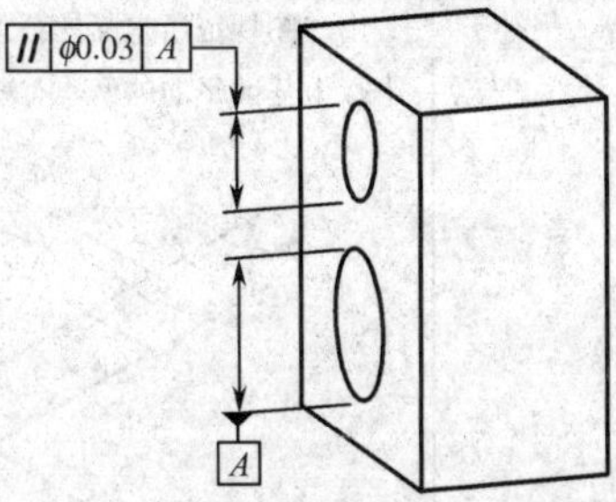 (b) 3D 图示，标注 ∥ ⌀0.03 A	
	线对面	提取（实际）中心线应限定在平行于基准平面 B、间距等于 0.01mm 的两平行平面之间。 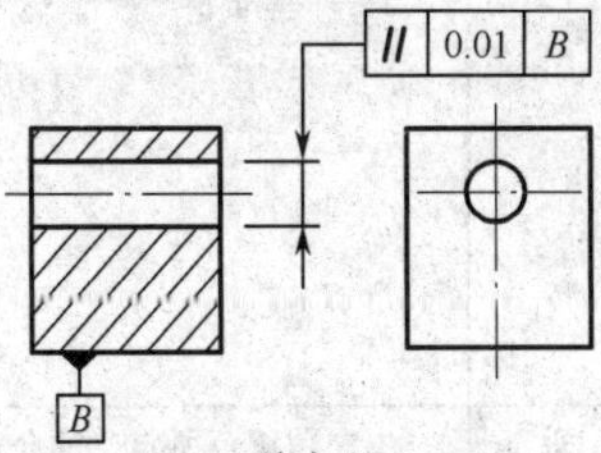 (a) 2D 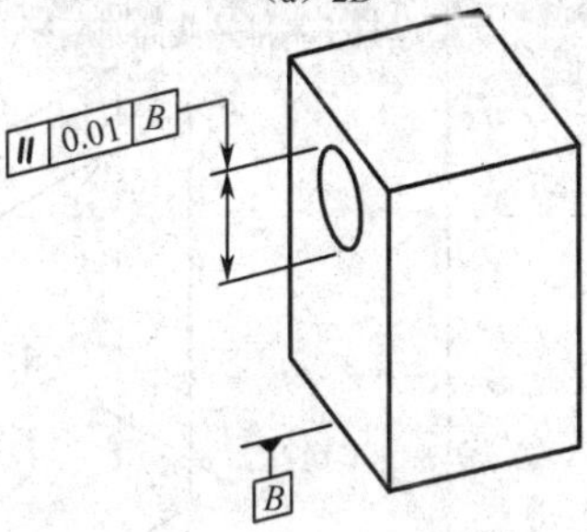 (b) 3D 标注 ∥ 0.01 B	由左图规范所定义的公差带为平行于基准平面、间距等于公差值 t 的两平行平面所限定的区域。 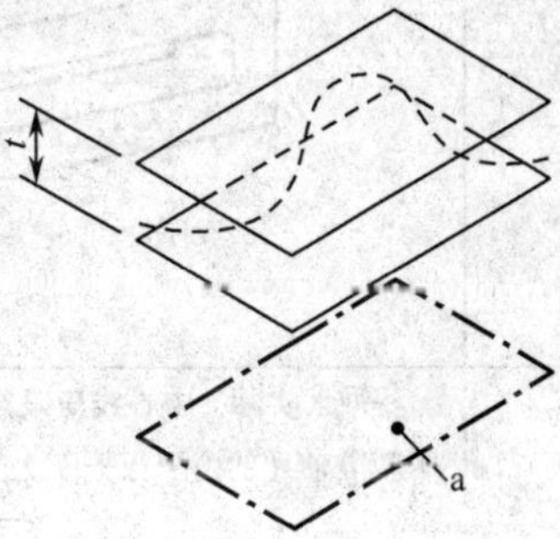 a——基准 B
	面对线	提取（实际）面应限定在间距等于 0.1mm、平行于基准轴线 C 的两平行平面之间。 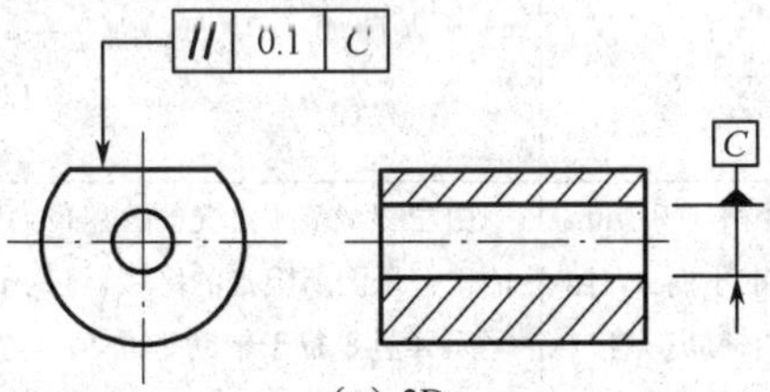 (a) 2D 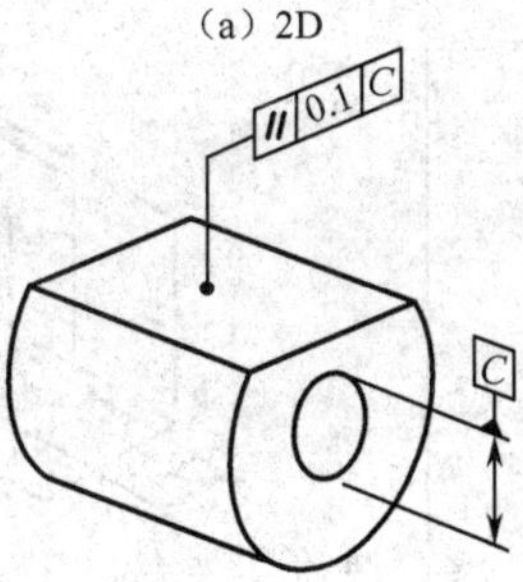 (b) 3D 标注 ∥ 0.1 C	由左图规范所定义的公差带为间距等于公差值 t、平行于基准的两平行平面所限定的区域。 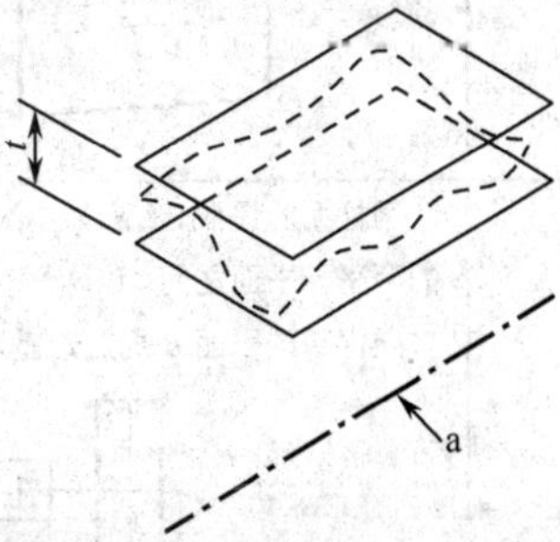 a——基准 C

续表

特 征		标 注 示 例	公差带的定义
平行度	面对面	提取（实际）表面应限定在间距等于0.01mm、平行于基准面 D 的两平行平面之间。 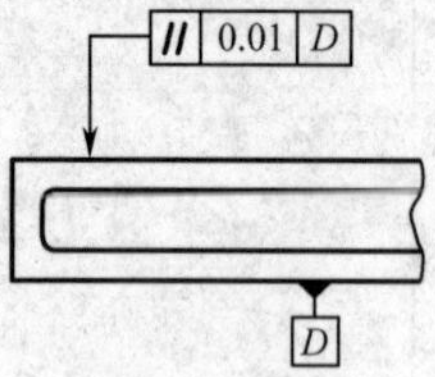 (a) 2D 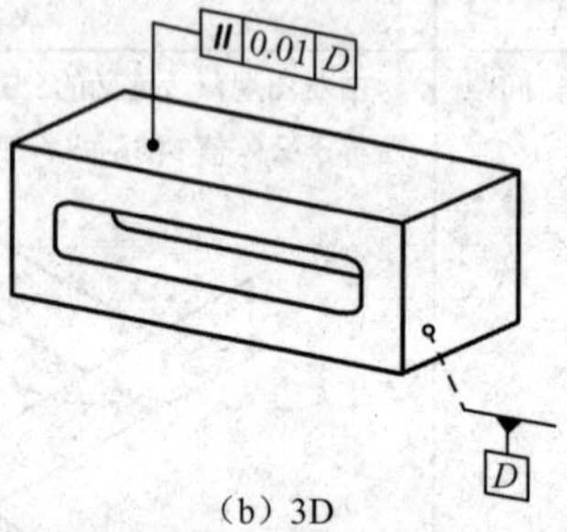 (b) 3D	由左图规范所定义的公差带为间距等于公差值 t、平行于基准平面的两平行平面所限定的区域。 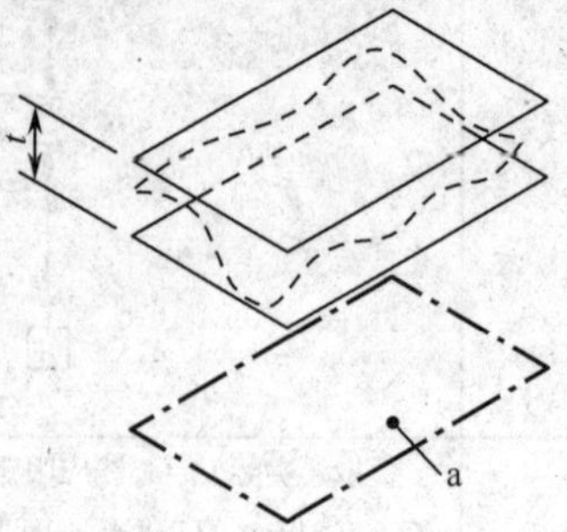 a——基准 D
垂直度	线对线	提取（实际）中心线应限定在间距等于0.06mm、垂直于基准轴 A 的两平行平面之间。 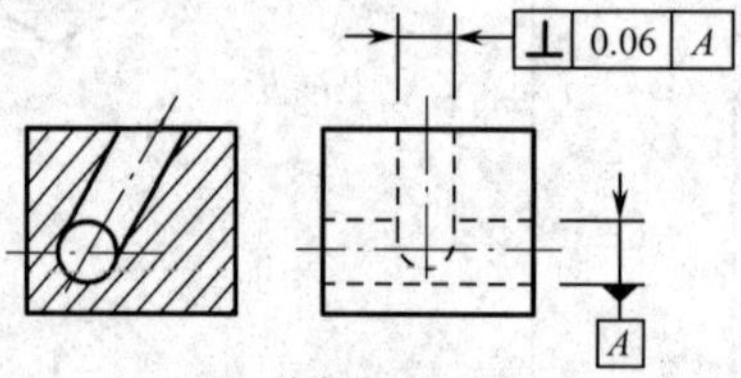 (a) 2D 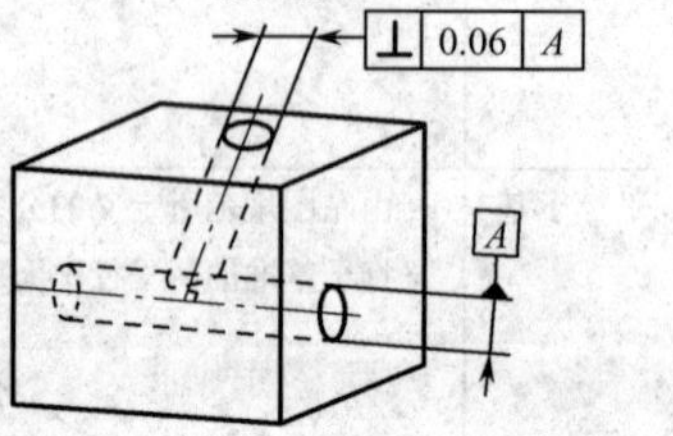 (b) 3D	由左图规范所定义的公差带为间距等于公差值 t、垂直于基准轴线的两平行平面所限定的区域。 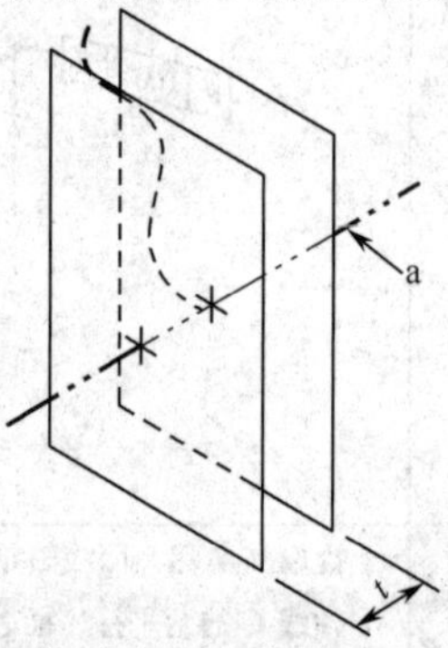 a——基准 A
	线对体	圆柱面的提取（实际）中心线应限定在间距等于0.1mm的两平行平面之间。该两平行平面垂直于基准平面 A，且方向由基准平面 B 规定。基准 B 为基准 A 的辅助基准。 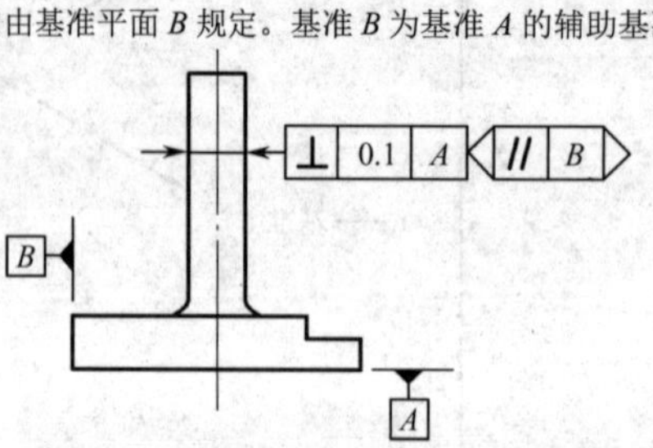 (a) 2D	由左图规范所定义的公差带为间距等于公差值 t 的两平行平面所限定的区域，该两平行平面垂直于基准平面 A 且平行于辅助基准 B。 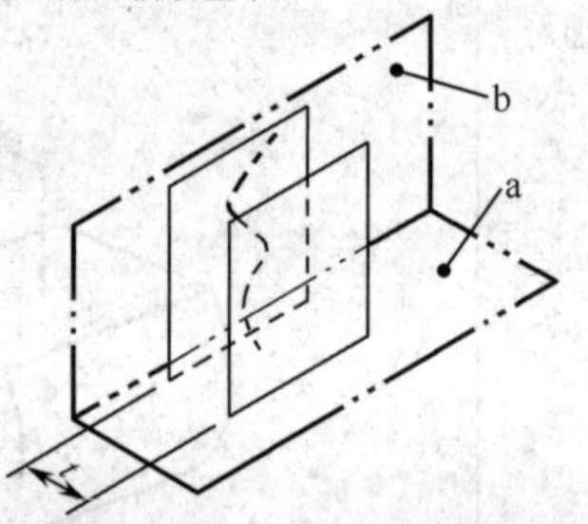 a——基准 A b——基准 B

续表

特 征		标 注 示 例	公差带的定义
垂直度	线对体	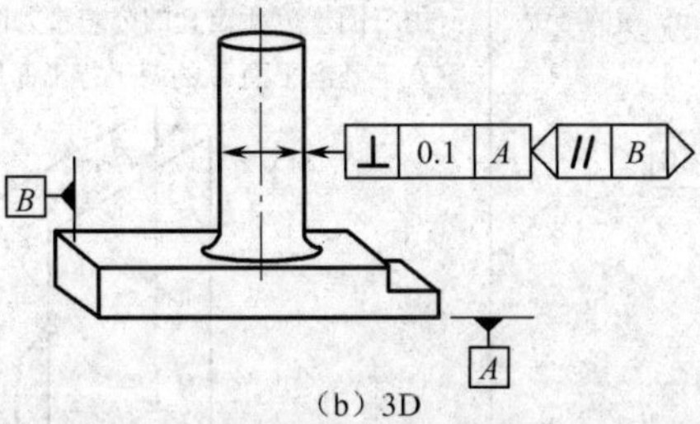 (b) 3D	
	线对面	圆柱面的提取（实际）中心线应限定在直径等于 0.01mm、垂直于基准平面 A 的圆柱面内。 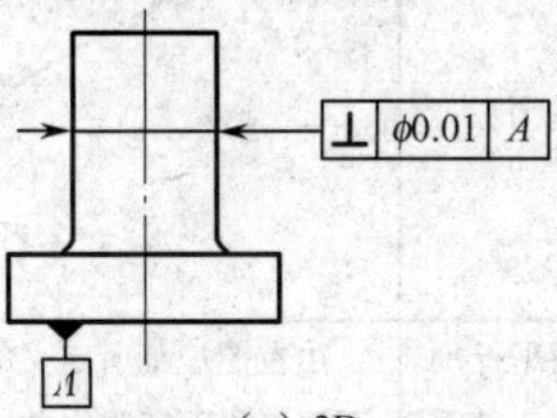 (a) 2D 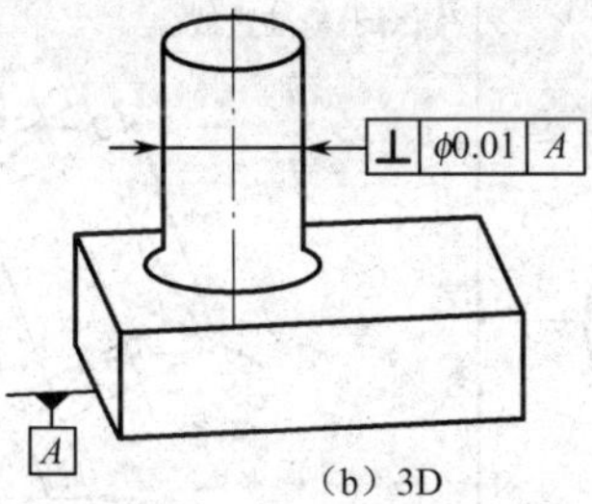 (b) 3D	若公差值前加注符号 ϕ，则由左图规范所定义的公差带为直径等于公差值 t、轴线垂直于基准平面的圆柱面所限定的区域。 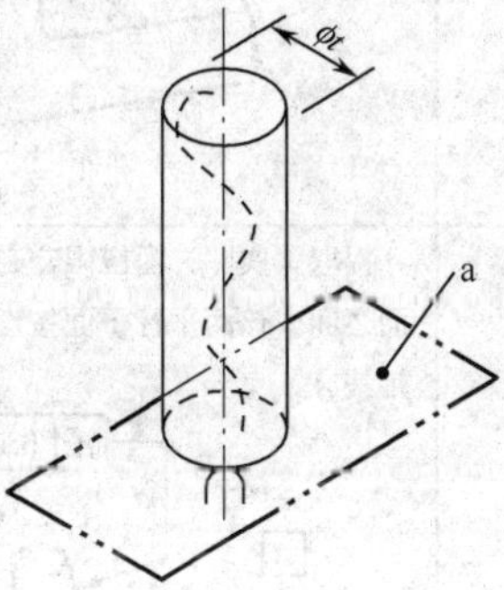 a——基准 A
	面对线	提取（实际）面应限定在间距等于 0.08mm 的两平行平面之间。该两平行平面垂直于基准轴线 A。 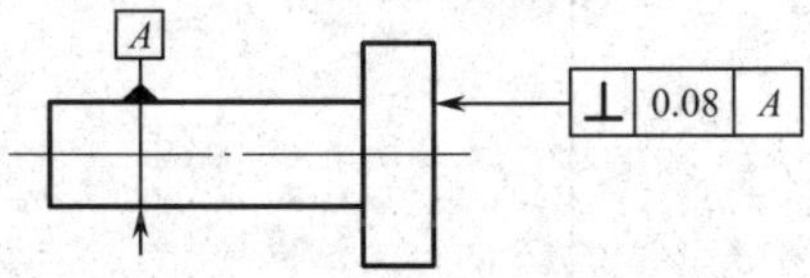 (a) 2D 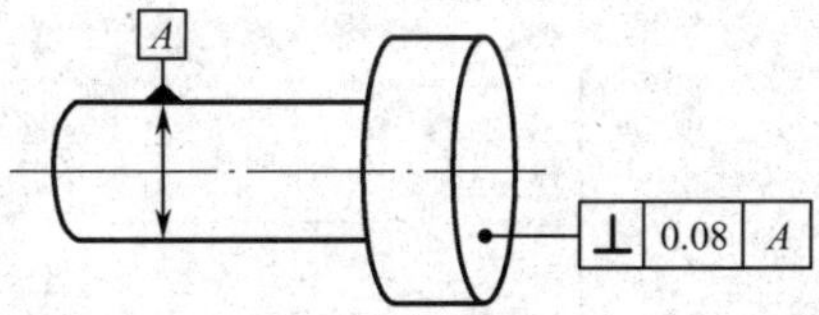 (b) 3D	由左图规范所定义的公差带为间距等于公差值 t、且垂直于基准轴线的两平行平面所限定的区域。 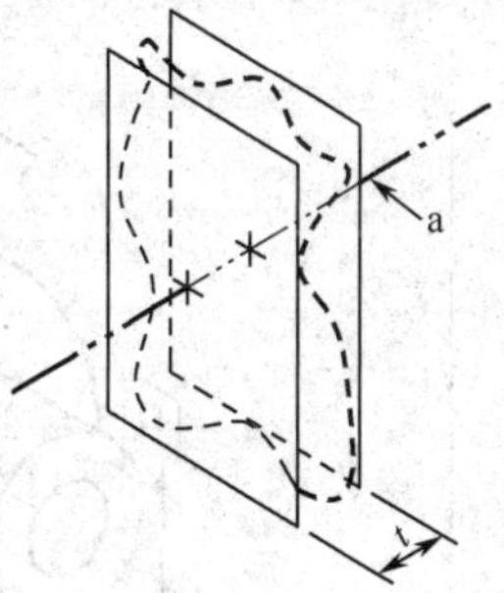 a——基准 A

续表

特　征		标 注 示 例	公差带的定义
垂直度	面对面	提取（实际）面应限定在间距等于 0.08mm、垂直于基准平面 A 的两平行平面之间。 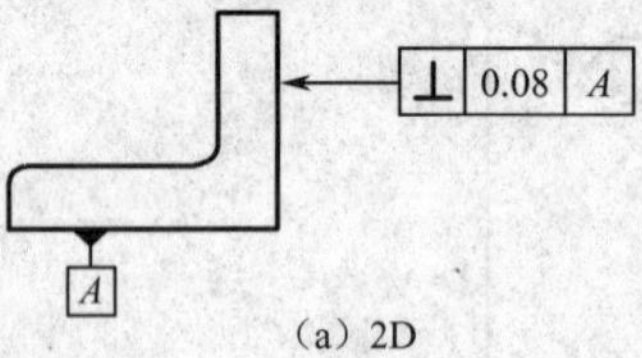 （a）2D 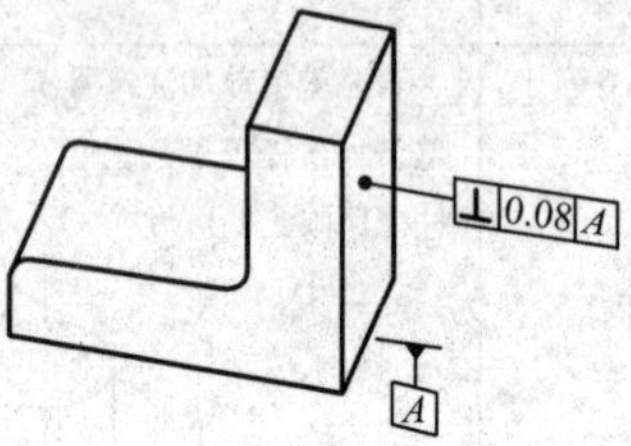 （b）3D	由左图规范所定义的公差带为间距等于公差值 t、垂直于基准平面 A 的两平行平面所限定的区域。 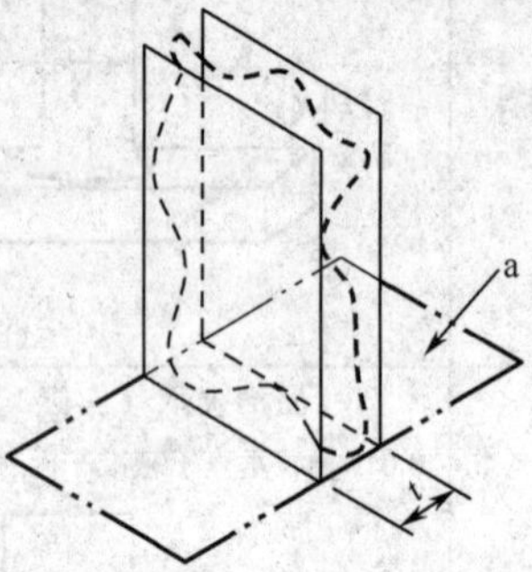 a——基准 A
倾斜度	面对线	提取（实际）面应限定在间距等于 0.1mm 的两平行平面之间。该两平行平面按理论正确角度 75° 倾斜于基准轴线 A。 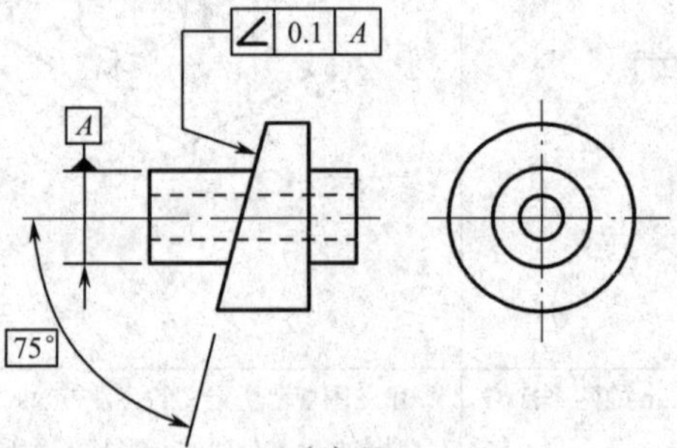 （a）2D 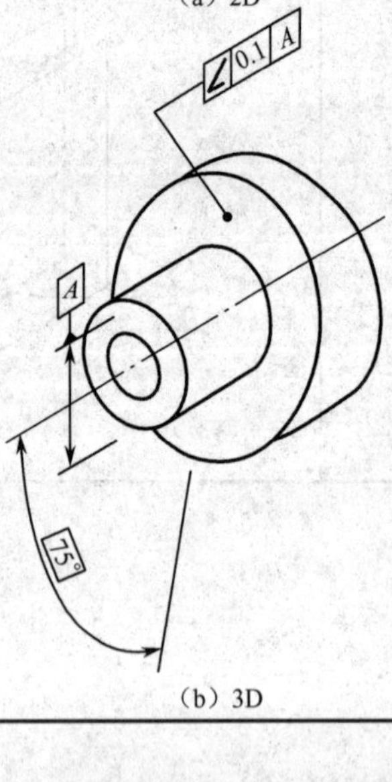 （b）3D	由左图规范所定义的公差带为间距等于公差值 t 的两平行平面所限定的区域。该两平行平面按规定角度倾斜于基准直线。 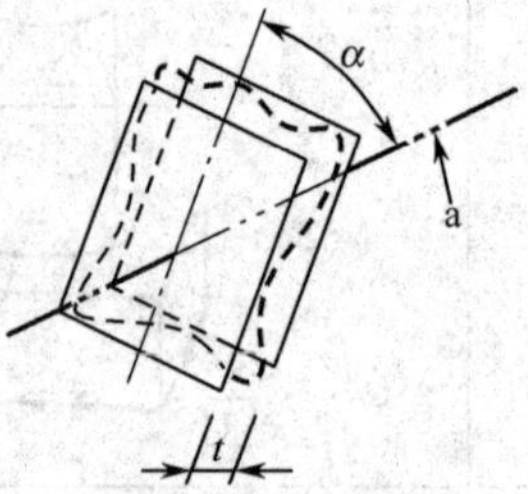 a——基准 A

4.3.3 位置公差

位置公差是关联实际要素对基准在位置上允许的变动全量。位置公差有同心度、同轴度、对称度、位置度、线轮廓度和面轮廓度六项。典型的位置公差的定义、标注和公差带如表 4-5 所示。在位置公差特征中，同心度涉及圆心，同轴度涉及轴线；对称度涉及的要素有中心直线、轴线和中心平面；位置度涉及的要素包括点、线、面及组成要素。

位置公差带的特点如下：

（1）位置公差带相对于基准具有确定的位置，其中，位置度的公差带位置由理论正确尺寸确定，而同轴度和对称度的理论正确尺寸为零，图上可省略不注。

（2）位置公差带具有综合控制被测要素位置、方向和形状的职能。在保证功能要求的前提下，对被测要素给出位置公差后，通常对该要素不再给出方向公差和形状公差。如果功能需要对方向和形状有进一步要求时，则另行给出方向或形状公差，且方向或形状公差值应小于位置公差值。

表 4-5 典型的位置公差的定义、标注和公差带

特　征		标注示例	公差带的定义
位置度	点的位置度	提取（实际）球心应限定在直径等于 0.3mm 的圆球面内。该圆球面的中心与基准平面 A、基准平面 B、基准中心平面 C 及被测球所确定的理论正确位置一致。 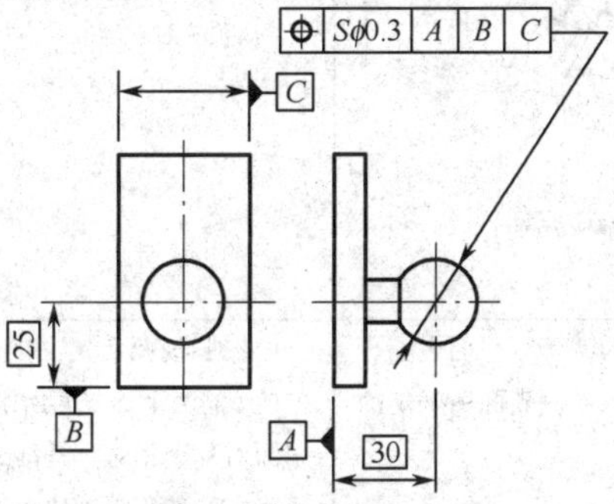 （a）2D 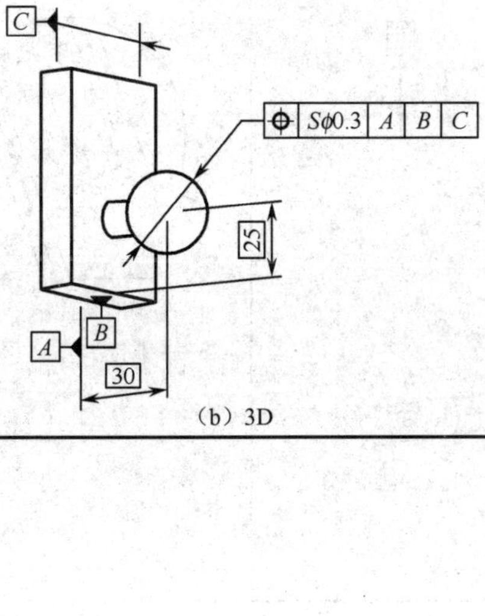 （b）3D	因为公差值前加注 $S\phi$，所以由左图规范所定义的公差带为直径等于 0.3mm 的圆球面所限定的区域。该圆球面的中心位置由相对于基准 A、B、C 的理论正确尺寸确定。 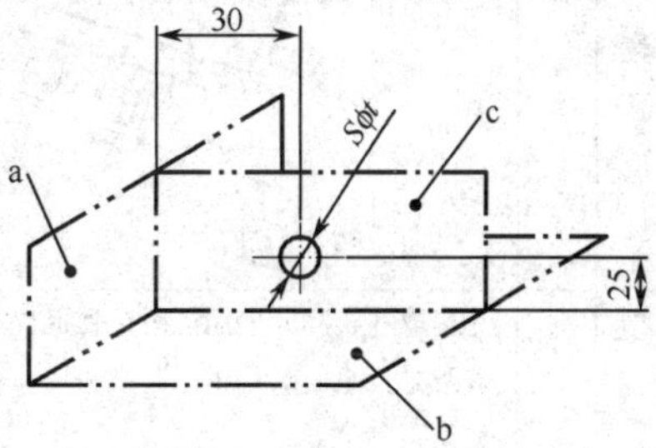 a—基准 A b—基准 B c—基准 C

续表

特征	标 注 示 例	公差带的定义
位置度 / 线的位置度	各孔的提取（实际）中心线应各自限定在直径等于 0.1mm 的圆柱面内。该圆柱面的轴线应处于由基准 C、A、B 与被测孔所确定的理论正确位置。 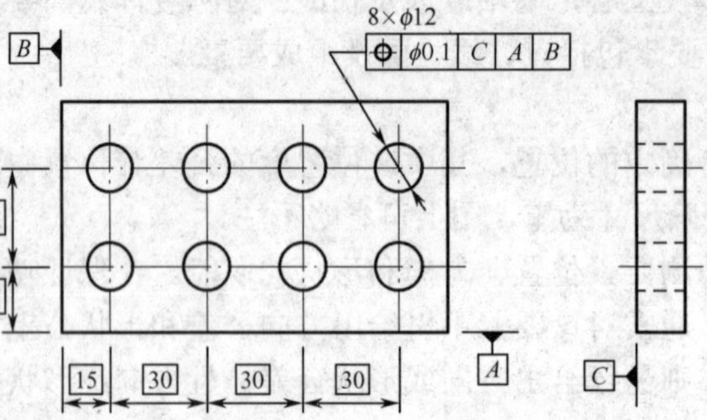 （a）2D 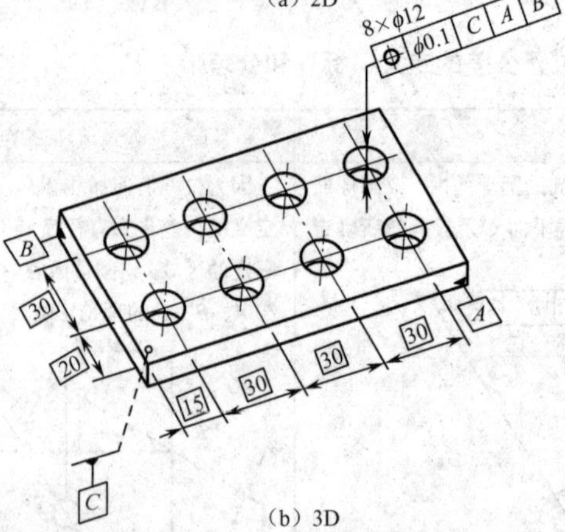 （b）3D	若公差值前加注符号 ϕ，则由左图规范所定义的公差带为直径等于公差值 t 的圆柱面所限定的区域。该圆柱面轴线的位置由相对于基准 C、A、B 的理论正确尺寸确定。 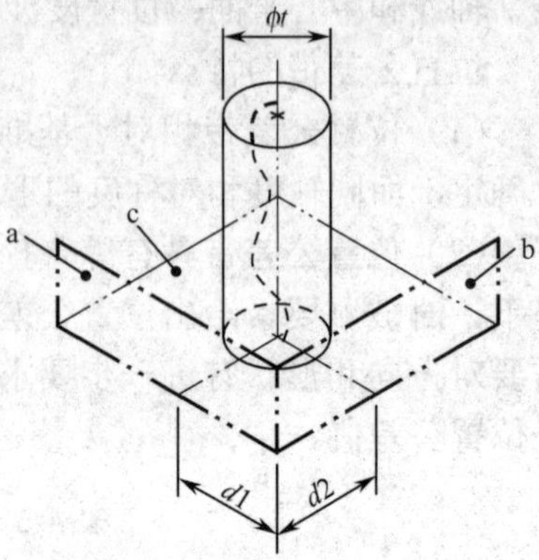 a——基准 A b——基准 B c——基准 C
位置度 / 面的位置度	提取（实际）表面应限定在间距等于 0.05mm 的两平行平面之间。该两平行平面对称于由基准平面、基准轴线 B 与该被测表面所确定的理论正确位置。 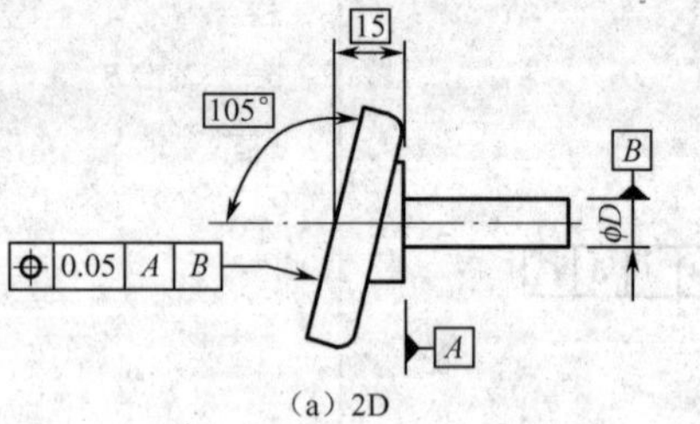 （a）2D 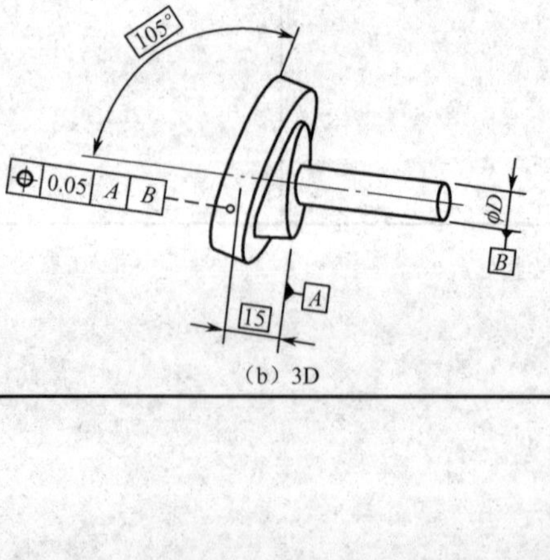 （b）3D	由左图规范所定义的公差带为间距等于公差值 t 的两平行平面所限定的区域。该两平行平面对称于相对于基准 A、B 的理论正确尺寸所确定的理论正确位置。 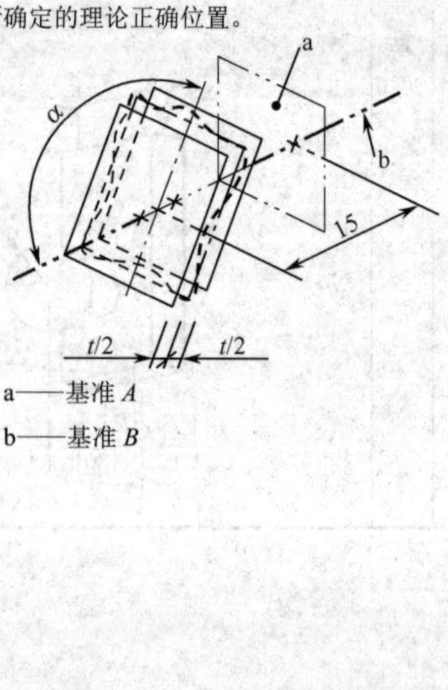 a——基准 A b——基准 B

续表

特 征		标 注 示 例	公差带的定义
同心度与同轴度	点的同心度	在任意横截面内，内圆的提取（实际）中心应限定在直径等于 0.1mm、以基准点 A（在同一横截面内）为圆心的圆周内。 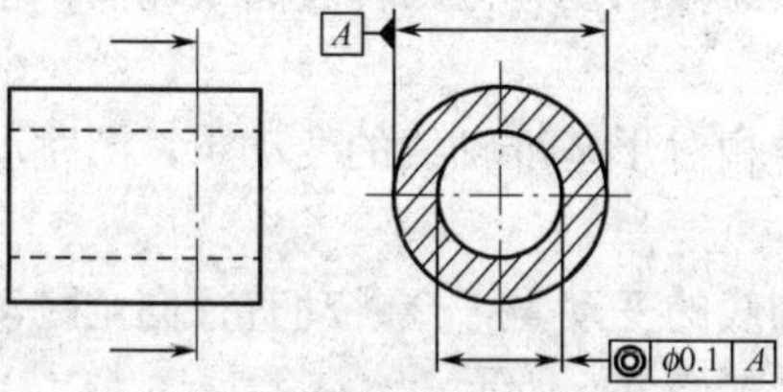 (a) 2D 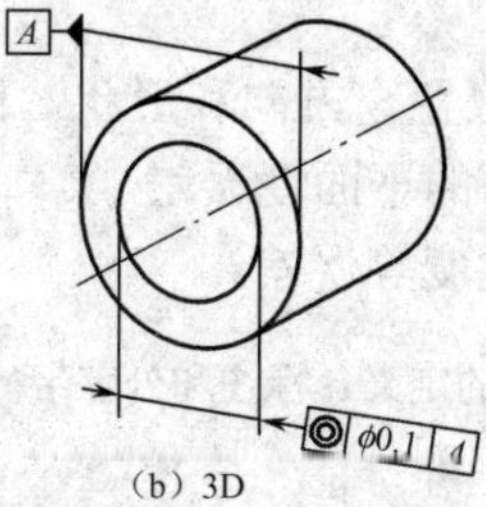 (b) 3D	由左图规范所定义的公差带为直径等于公差值 t 的圆周所限定的区域。公差值之前应使用符号 ϕ。该圆周公差带的圆心与基准点重合。 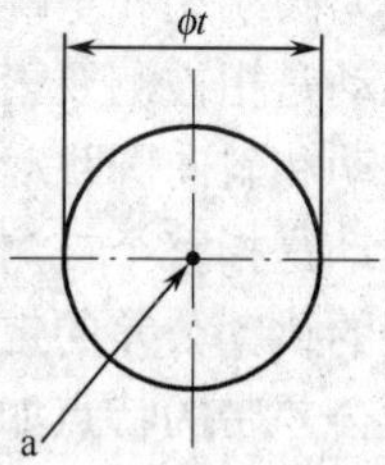 a——基准点 A
	中心线的同轴度	被测圆柱的提取（实际）中心线应限定在直径等于 0.08mm、以公共基准轴线 A-B 为轴线的圆柱面内。 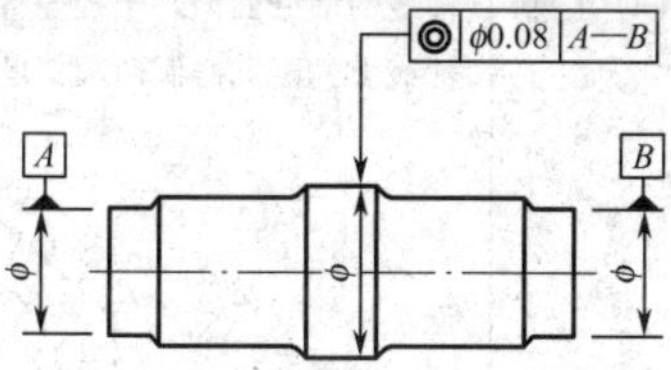 (a) 2D 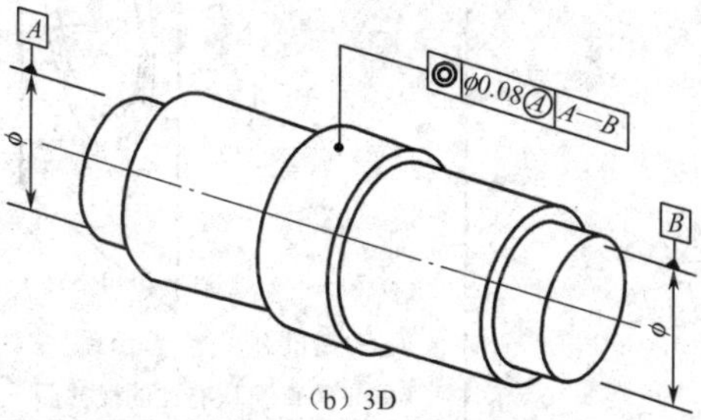 (b) 3D	因为公差值之前使用了符号 ϕ，由左图规范所定义的公差带为直径等于公差值的圆柱面所限定的区域。该圆柱面的轴线与基准轴线重合。 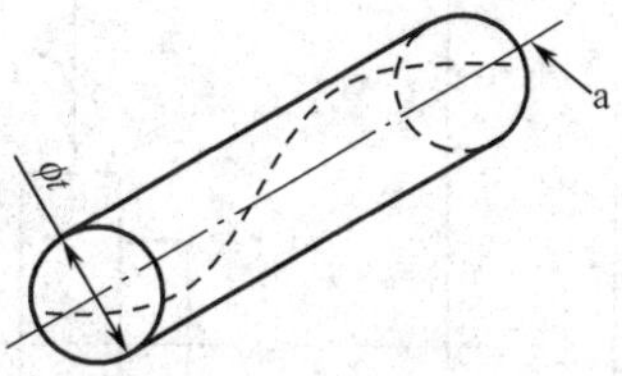 a——基准 A-B
对称度		提取（实际）中心表面应限定在间距等于 0.08mm、对称于基准中心平面 A 的两平行平面之间。 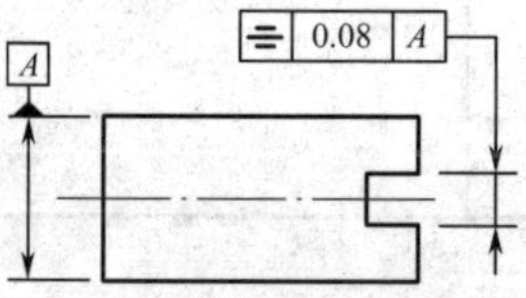 (a) 2D 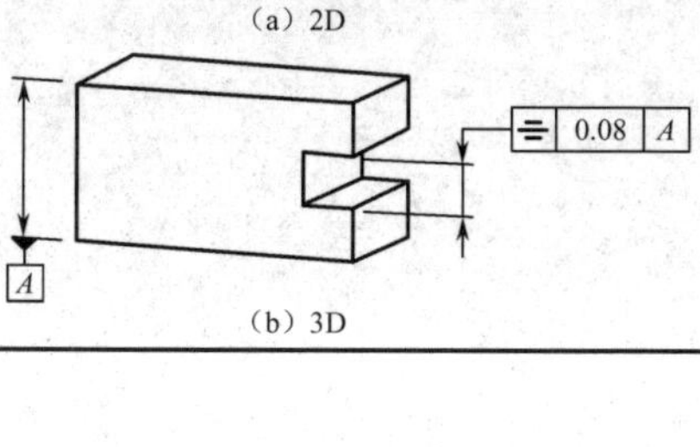 (b) 3D	由左图规范所定义的公差带为间距等于公差值、对称于基准中心平面的两平行平面所限定的区域。 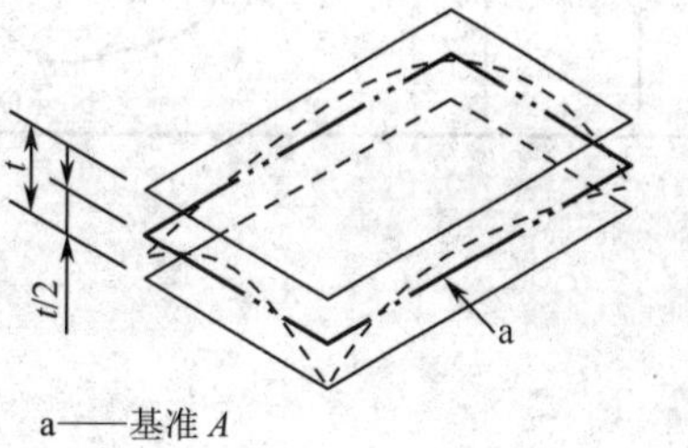 a——基准 A

4.3.4 跳动公差

跳动公差是关联实际要素绕基准轴线回转一周或连续回转时所允许的最大跳动量。跳动量可由指示表的最大与最小值之差反映出来。被测要素为回转表面或端面,基准要素为轴线。跳动可分为圆跳动和全跳动。

圆跳动是指被测要素在某个测量截面内相对于基准轴线的变动量,圆跳动有径向圆跳动、轴向圆跳动和斜向圆跳动。

全跳动是指整个被测要素相对于基准轴线的变动量,全跳动有径向全跳动和轴向全跳动。

典型的跳动公差的定义、标注和公差带如表4-6所示。

跳动公差带的特点如下:

(1)跳动公差带可以综合控制被测要素的位置、方向和形状。例如,轴向全跳动公差带控制端面对基准轴线的垂直度误差,也控制端面的平面度误差。

(2)径向全跳动公差带可控制同轴度、圆柱度等误差。

表4-6 典型的跳动公差的定义、标注和公差带

特征		标注示例	公差带的定义
圆跳动	径向圆跳动	在任一垂直于基准轴线 A 的横截面内,提取(实际)线应限定在半径差等于 0.1mm、圆心在基准轴线 A 上的两共面同心圆之间。 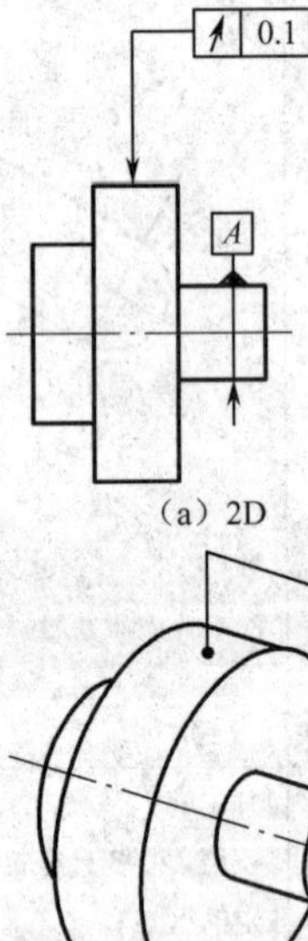 (a) 2D 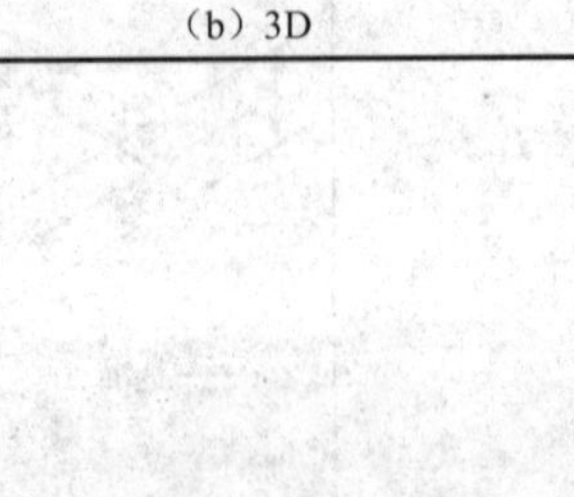 (b) 3D	由左图规范所定义的公差带为在任一垂直于基准轴线的横截面内、半径差等于公差值 t、圆心在基准轴线上的两同心圆所限定的区域。 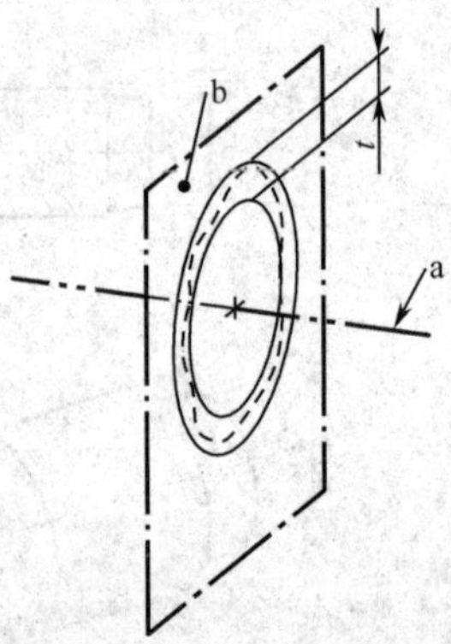 a——基准 A b——垂直于基准 A 的横截面

续表

特 征		标 注 示 例	公差带的定义
圆跳动	轴向圆跳动	在与基准轴线 D 同轴的任一圆柱形截面上，提取（实际）圆应限定在轴向距离等于 0.1mm 的两个等圆之间。 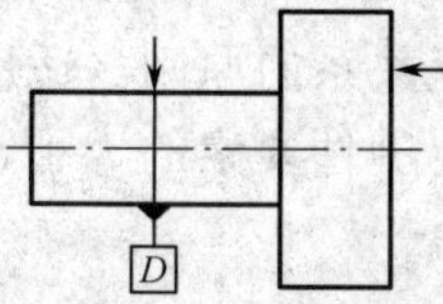 (a) 2D 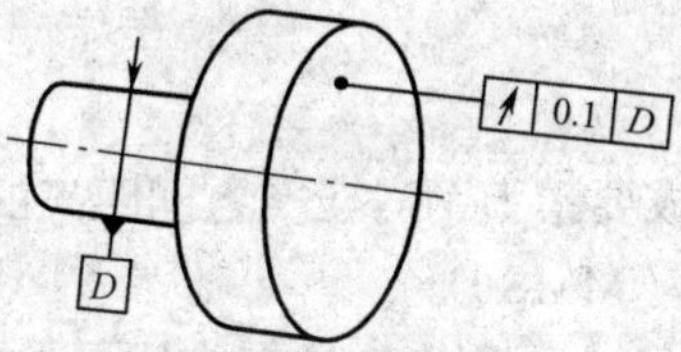 (b) 3D	由左图规范所定义的公差带为与基准轴线同轴的任一半径的圆柱截面上、间距等于公差值 t 的两圆所限定的圆柱面区域。 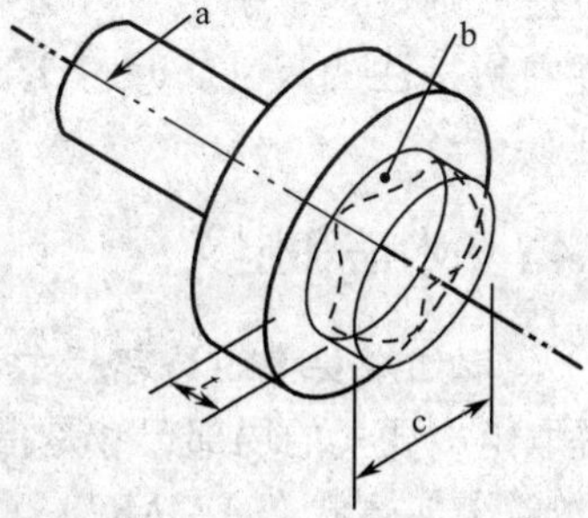 a——基准 D b——公差带 c——与基准 D 同轴的任意直径
全跳动	径向全跳动	提取（实际）表面应限定在半径差等于 0.1mm 与公共基准轴线 A-B 同轴的两圆柱面之间。 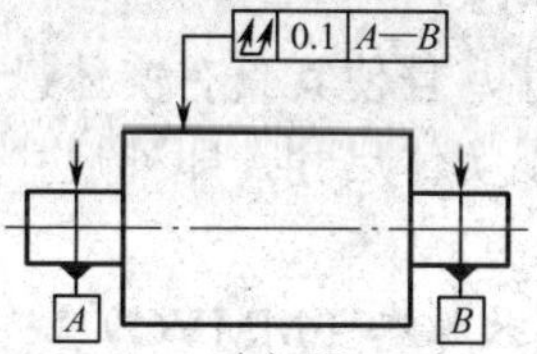 (a) 2D 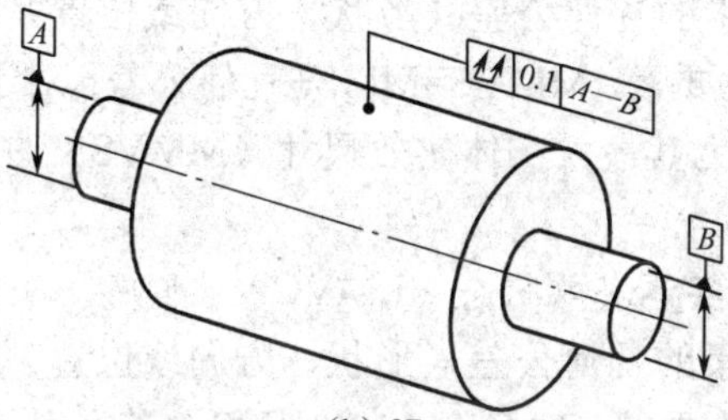 (b) 3D	由左图规范所定义的公差带为半径差等于公差值 t、与基准轴线同轴的两圆柱面所限定的区域。 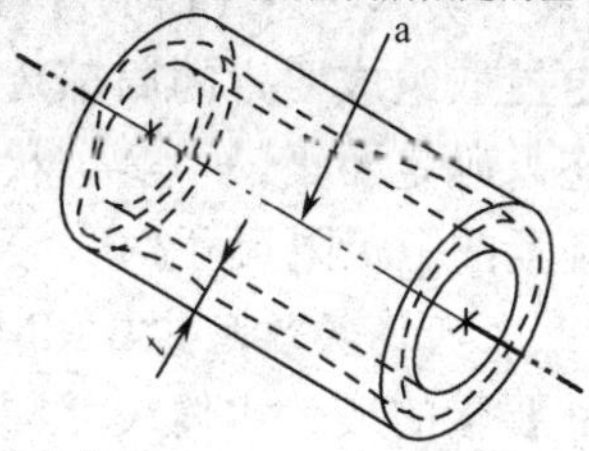 a——公共基准 A-B
	轴向全跳动	提取（实际）表面应限定在间距等于 0.1mm、垂直于基准轴线 D 的两平行平面之间。 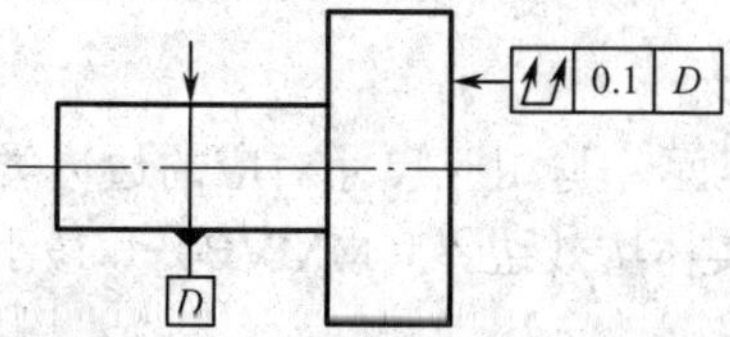 (a) 2D 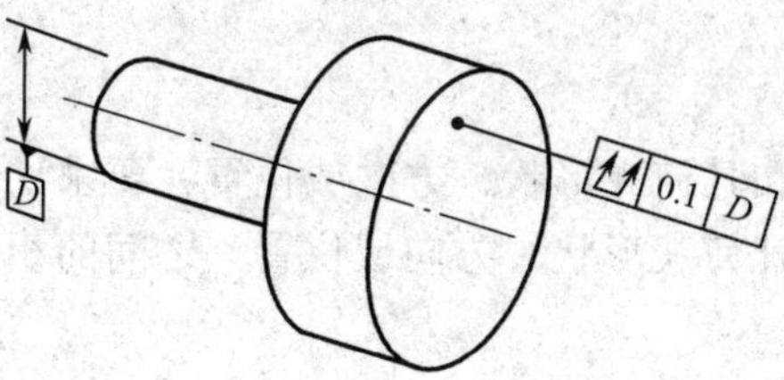 (b) 3D	由左图规范所定义的公差带为间距等于公差值 0.1mm、垂直于基准轴线的两平行平面所限定的区域。 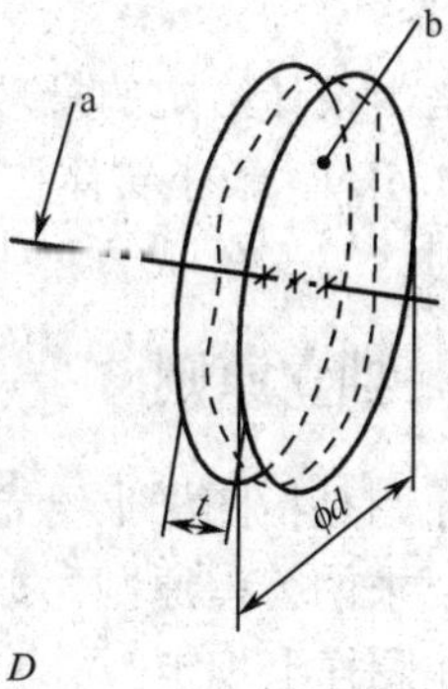 a——基准 D b——提取表面

4.4 公差原则

公差原则规定了确定尺寸公差和几何公差之间相互关系的原则。适用于技术制图和有关文件中所标注的尺寸、尺寸公差和几何公差,以确定零件要素的大小、形状、方向和位置特征。

4.4.1 术语和定义

1)提取组成要素的局部尺寸

提取组成要素的局部尺寸是指一切提取组成要素上两对应点之间距离的统称。

2)最大实体状态(MMC)/最大实体尺寸(MMS)

假定提取组成要素的局部尺寸处位于极限尺寸,且使其具有实体最大时的状态称为最大实体状态。确定要素最大实体状态的尺寸称为最大实体尺寸,即外尺寸要素的上极限尺寸,内尺寸要素的下极限尺寸。

3)最小实体状态(LMC)/最小实体尺寸(LMS)

假定提取组成要素的局部尺寸处位于极限尺寸,且使其具有实体最小时的状态称为最小实体状态。确定要素最小实体状态的尺寸称为最小实体尺寸,即外尺寸要素的下极限尺寸,内尺寸要素的上极限尺寸。

4)最大实体实效尺寸(MMVS)/最大实体实效状态(MMVC)

尺寸要素的最大实体尺寸与其导出要素的几何公差(形状、方向或位置)共同作用产生的尺寸称为最大实体实效尺寸。对于外尺寸要素,MMVS=MMS+几何公差;对于内尺寸要素,MMVS=MMS-几何公差。拟合要素的尺寸为其最大实体实效尺寸(MMVS)时的状态称为最大实体实效状态。

5)最小实体实效尺寸(LMVS)/最小实体实效状态(LMVC)

尺寸要素的最小实体尺寸与其导出要素的几何公差(形状、方向或位置)共同作用产生的尺寸称为最小实体实效尺寸。对于外尺寸要素,LMVS=LMS-几何公差;对于内尺寸要素,LMVS=LMS+几何公差。拟合要素的尺寸为其最小实体实效尺寸(LMVS)时的状态称为最小实体实效状态。

6)边界

边界是由设计给定的最理想形状的极限包容面。与相应尺寸对应的边界类型有:最大实体边界(MMB)、最小实体边界(LMB)、最大实体实效边界(MMVB)和最小实体实效边界(LMVB)。

4.4.2 独立原则

独立原则是指图样上给定的每一尺寸和几何(形状、方向或位置)要求均是独立的,应分别满足要求的公差原则。如果对尺寸和几何(形状、方向或位置)之间的相互关系有特定要求,应在图样上规定。

图 4-4 所示为独立原则应用示例,标注时不需要附加任何表示相互关系的符号。图 4-4 中

表示轴的局部实际尺寸应在 $\phi 29.979 \sim \phi 30\text{mm}$ 之间，不管实际尺寸为何值，轴线的直线度误差都不允许大于 0.12mm。独立原则是标注几何公差和尺寸公差相互关系的基本原则。

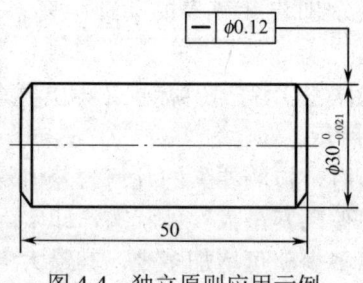

图 4-4　独立原则应用示例

4.4.3　相关要求

1) 包容要求

包容要求适用于圆柱表面或两平行对应面。包容要求表示提取组成要素不得超越其最大实体边界（MMB），其局部尺寸不得超出最小实体尺寸（LMS）。

采用包容要求的尺寸要素应在其尺寸极限偏差或公差带代号之后加注符号Ⓔ，包容要求用于单一要素示例如图 4-5 所示。

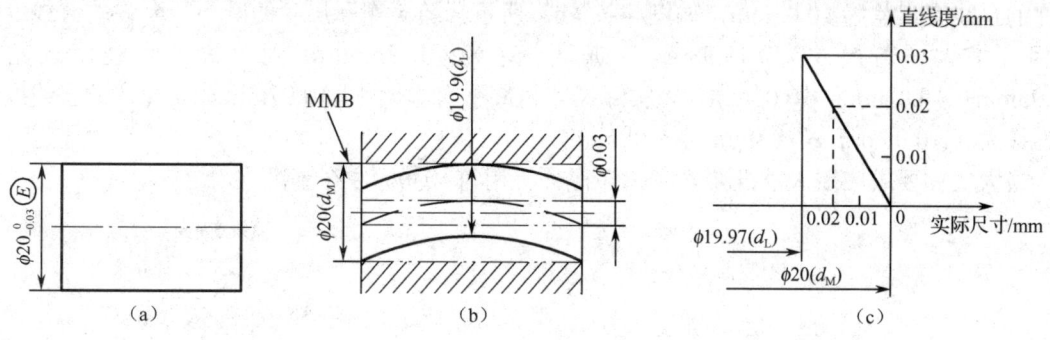

图 4-5　包容要求用于单一要素示例

包容要求是指当实际尺寸处为最大实体尺寸（如图 4-5 所示的 $\phi 20\text{mm}$）时，其几何公差为零；当实际尺寸偏离最大实体尺寸时，允许的几何误差可以相应增加，增加量为实际尺寸与最大实体尺寸之差（绝对值），其最大增加量等于尺寸公差，此时的实际尺寸处为最小实体尺寸如图 4-5（b）所示，实际尺寸为 $\phi 19.97\text{mm}$，允许轴线直线度误差为 $\phi 0.03\text{mm}$。这表明，尺寸公差可以转化为几何公差。

图 4-5（c）所示为图 4-5（a）所示标注示例的动态公差图，此图表达了实际尺寸和几何公差变化的关系。图 4-5（c）中横坐标表示实际尺寸，纵坐标表示几何公差（如直线度），粗的斜线为相关线。如图 4-5 虚线所示，当实际尺寸为 $\phi 19.98\text{mm}$，偏离最大实体尺寸（$\phi 20\text{mm}$）0.02mm 时，允许直线度误差为 0.02mm。

由此可见，包容要求是将尺寸和几何误差同时控制在尺寸公差范围内的一种公差要求，主要用于必须保证配合性质的要素，用最大实体边界保证必要的最小间隙或最大过盈，用最小实体尺寸防止间隙过大或过盈过小。

2）最大实体要求（MMR）

最大实体要求（MMR）是指尺寸要素的非理想要素不得违反其最大实体实效状态（MMVC）的一种尺寸要素要求，即尺寸要素的非理想要素不得超越其最大实体实效边界（MMVB）的一种尺寸要素要求。

最大实体要求（MMR）在图样上用符号Ⓜ标注在导出要素的几何公差值之后，最大实体要求用于被测要素示例如图 4-6 所示。

最大实体要求用于被测要素时，被测要素的几何公差值是在该要素处于最大实体状态时给定的。当被测要素的实际轮廓偏离其最大实体状态，即实际尺寸偏离最大实体尺寸时，允许的几何误差值可以增加，偏离多少就可增加多少，其最大增加量等于被测要素的尺寸公差值，从而实现尺寸公差向几何公差转化。

最大实体要求（MMR）用于注有公差的要素时，注有公差要素的组成要素提取不得违反其最大实体实效状态（MMVC）或其最大实体实效边界（MMVB）。

注有公差的外尺寸要素的提取局部尺寸要等于或小于最大实体尺寸（MMS），等于或大于最小实体尺寸（LMS）。

注有公差的内尺寸要素的提取局部尺寸要等于或大于最大实体尺寸（MMS），等于或小于最小实体尺寸（LMS）。

图 4-6（c）所示为动态公差图。从图中可见，当轴的实际尺寸为最大实体尺寸$\phi 20$mm 时，允许的直线度误差为$\phi 0.05$mm，如图 4-6（b）所示。随着实际尺寸的减小，允许的直线度误差相应增大，若尺寸为$\phi 19.98$mm（偏离 d_M 为$\phi 0.02$mm），则允许的直线度误差为$\phi 0.05$mm+$\phi 0.02$mm=$\phi 0.07$mm。当实际尺寸为最小实体尺寸$\phi 19.97$mm 时，允许的直线度误差为最大（$\phi 0.05$mm+$\phi 0.03$mm=$\phi 0.08$mm）。

最大实体要求应用于基准要素时，在图样上用符号Ⓜ标注在基准字母之后。

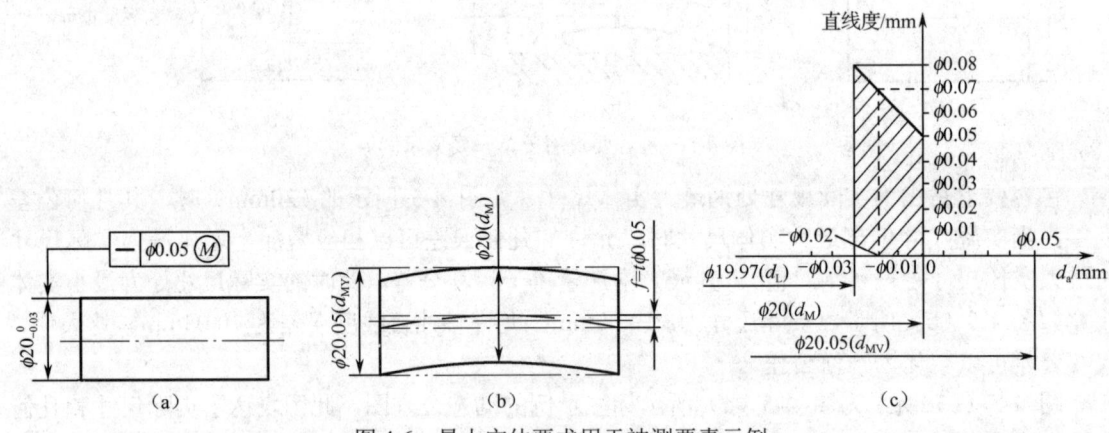

图 4-6　最大实体要求用于被测要素示例

3）最小实体要求（LMR）

最小实体要求（LMR）是指尺寸要素的非理想要素不得违反其最小实体实效状态（LMVC）的一种尺寸要素要求，即尺寸要素的非理想要素不得超越其最小实体实效边界（LMVB）的一种尺寸要素要求。

最小实体要求（LMR）在图样上用符号Ⓛ标注在导出要素的几何公差值之后。最小实体要求用于被测要素时，被测要素的几何公差是在该要素处于最小实体状态时给定的。当被测要素的实际轮廓偏离其最小实体状态，即实际尺寸偏离最小实体尺寸时，允许的几何误差值可以增大，偏离多少就可增加多少，其最大增加量等于被测要素的尺寸公差值，从而实现尺寸公差向几何公差转化。

最小实体要求（LMR）用于注有公差的要素时，注有公差要素的组成要素提取不得违反其最小实体实效状态（LMVC）或最小实体实效边界（LMVB）。

注有公差的外尺寸要素的提取局部尺寸要等于或大于最小实体尺寸（LMS），等于或小于最大实体尺寸（MMS）。

注有公差的内尺寸要素的提取局部尺寸要等于或小于最小实体尺寸（LMS），等于或大于最大实体尺寸（MMS）。

最小实体要求应用于基准要素时，在图样上用符号Ⓛ标注在基准字母之后。

4）可逆要求（RPR）

可逆要求（RPR）是最大实体要求（MMR）或最小实体要求（LMR）的附加要求，表示尺寸公差可以在实际几何误差与几何公差之间的差值范围内增大。可逆要求（RPR）在图样上用符号Ⓡ标注在Ⓜ或Ⓛ之后。可逆要求仅用于注有公差的要素。在最大实体要求（MMR）或最小实体要求（LMR）附加可逆要求（RPR）后，改变了尺寸要素的尺寸公差，用可逆要求（RPR）可以充分利用最大实体实效状态（MMVC）和最小实体实效状态（LMVC）的尺寸，在可能性制造的基础上，可逆要求（RPR）允许尺寸和几何公差之间相互补偿。

4.5 几何公差的选择

1）形位公差项目的选择

应充分发挥综合控制项目的职能，以减少图样上给出的形位公差项目及相应的形位误差检测项目。在满足功能要求的前提下，应选用测量简便的项目。如：同轴度公差常常用径向圆跳动公差代替，且给出的跳动公差值应略大于同轴度公差值。

2）形位公差值的选择

根据零件的功能要求，考虑加工的经济性和零件的结构、刚性等情况，按 GB/T 1184—1996《形状和位置公差未注公差值》附录 B 中的各个项目的公差值或数系表确定要素的公差值，形位公差值分为 1~12 级，圆度、圆柱度为 13 级，并考虑以下因素。

a）在同一要素上给出的形状公差值应小于位置公差值。如要求平行的两个表面，其平面度公差值应小于平行度公差值。

b）圆柱形零件的形状公差值（轴线的直线度除外）一般情况下应小于其尺寸公差值。

c）平行度公差值应小于其相应的距离公差值。

对于以下情况，考虑到加工的难易程度和除主参数以外参数的影响，在满足零件功能的要求下，适当降低 1~2 级选用。

a）孔相对于轴。

b）细长且比较大的轴和孔。

c）距离较大的轴和孔。

d) 宽度较大（一般大于 1/2 长度）的零件表面。
e) 线对线和线对面的相对于面对面的平行度、垂直度公差。

3) 公差原则的选择

应根据被测要素的功能要求，充分发挥公差的职能和采取该公差原则的可行性、经济性。

a) 独立原则用于尺寸精度与几何精度要求相差较大，需分别满足要求，或两者无联系，保证运动精度、密封性、未注公差等场合。

b) 包容要求用于需要严格保证配合性质的场合。

c) 最大实体要求用于中心要素，一般用于相配件要求具有可装配性（无配合性质要求）的场合。

d) 最小实体要求用于需要保证零件强度和最小壁厚等场合。

e) 可逆要求与最大（最小）实体要求联用，能充分利用公差带，扩大了被测要素实际尺寸的范围，提高了效益。在不影响使用性能的前提下可以选用。

4) 未注几何公差的规定

未注公差值应符合工厂的常用精度等级，不需在图样上注出；由于功能原因，某要素要求比"未注公差值"小的公差数值不属于未注公差的范畴，应按 GB/T 1182 的规定进行标注；如功能要求允许大于未注公差值，而这个较大的公差值会给工厂带来经济效益，则这个较大的几何公差值应单独注在要素上，例如金属薄壁件、挠性材质零件（如橡胶件、塑料件）等。一般情况下，工厂的机加工和常用的工艺方法不会加工出较大误差值，因此扩大公差值通常不会给工厂带来经济效益。

为了简化图样，对于一般机床加工能保证的几何精度，不必在图样上注出几何公差。

国家标准 GB/T 1184—1996《形状和位置公差 未注公差值》中规定了直线度、平面度、垂直度、对称度和圆跳动的未注公差值。图样上没有具体注明几何公差值的要素，其几何精度应按下列规定执行。

a) 未注直线度、垂直度、对称度和圆跳动规定了 H、K、L 三个公差等级，在标题栏或技术要求中注出标准及等级代号。如：GB/T1184—K。

b) 未注圆度公差值等于直径公差值，但不得大于径向跳动的未注公差。

c) 未注圆柱度公差由构成圆柱度的圆度、直线度和相应线的平行度的公差控制。

d) 平行度的未注公差值等于给出的尺寸公差值，或取直线度和平面度未注公差值中的相应公差值较大者。

e) 垂直度的未注公差值，取形成直角的两边中较长的一边作为基准，较短的一边作为被测要素；若两边的长度相等则可取其中的任意一边作为基准。

f) 对称度的未注公差值应取两要素中较长者作为基准，较短者作为被测要素；若两要素长度相等则可任选一要素为基准。

g) 同轴度的未注公差值未作规定。在极限情况下，同轴度的未注公差值可以与标准规定的径向圆跳动的未注公差值相等。应选两要素中的较长者为基准，若两要素长度相等则可选任一要素为基准。

h) 在国家标准中给出了圆跳动（径向、端面和斜向）的未注公差值。对于圆跳动的未注公差值，应以设计或工艺给出的支承面作为基准，否则应取两要素中较长的一个作为基准；若两要素的长度相等则可选任一要素为基准。

i）未注线轮廓度、面轮廓度、倾斜度、位置度和全跳动的公差值均由各要素的注出或未注出尺寸公差或角度公差控制。

习题

4-1 改正图 4-7 中各项几何公差标注上的错误（不得改变几何公差项目）。

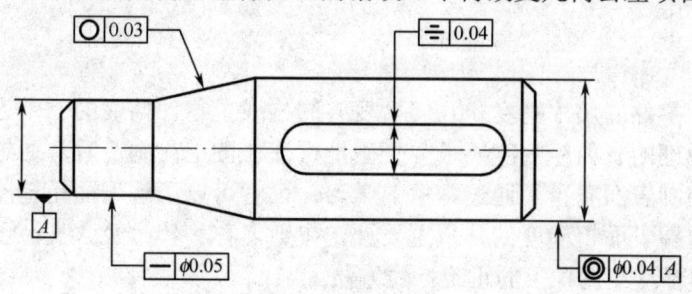

图 4-7 题 4-1 图

4-2 改正图 4-8 中各项形位公差标注上的错误（不得改变形位公差项目）。

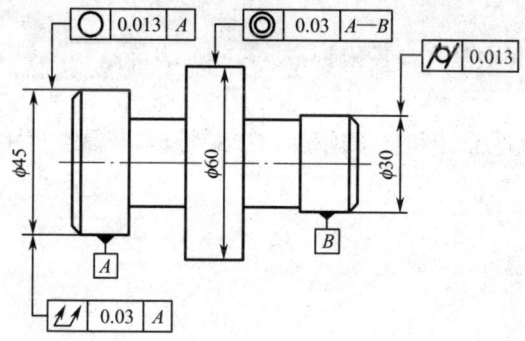

图 4-8 题 4-2 图

4-3 试将下列技术要求标注在图 4-9 上。

（1）ϕd 圆柱面的尺寸为 $\phi 30_{-0.025}^{0}$ mm，采用包容要求，ϕD 圆柱面的尺寸为 $\phi 50_{-0.039}^{0}$ mm，采用独立原则。

（2）键槽侧面对 ϕD 轴线的对称度公差为 0.02mm。

（3）ϕD 圆柱面对 ϕd 轴线的径向圆跳动量不超过 0.03mm，轴肩端平面对 ϕd 轴线的端面圆跳动不超过 0.05mm。

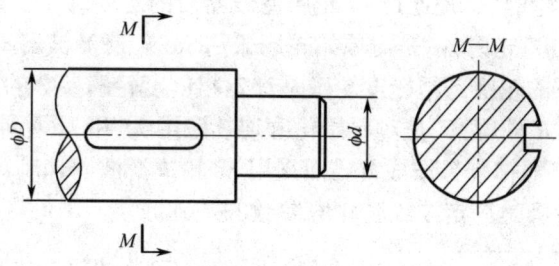

图 4-9 题 4-3 图

第 5 章 表面粗糙度

表面粗糙度、零件的尺寸精度和几何精度共同构成了零件精度的三个方面。设计时，根据功能要求提出合理的表面粗糙度要求并正确地标注在图上；制造时，通过适当的检测方法来判断合格品、控制表面质量。通过本章的学习，读者可以了解表面粗糙度的概念及其对零件功能的影响，掌握表面粗糙度的几个主要评定参数名称、代号及含义，了解参数值的选择原则，掌握表面粗糙度在图样上的正确标注方法。

本章内容涉及的相关标准主要有：
- GB/T 3505—2009《产品几何技术规范（GPS）表面结构 轮廓法 术语、定义及表面结构参数》；
- GB/T 1031—2009《产品几何技术规范（GPS）表面结构 轮廓法 表面粗糙度参数及其数值》；
- GB/T 131—2006《产品计和技术规范（GPS）技术产品文件中表面结构的表示法》。

5.1 概述

5.1.1 表面轮廓概述

无论是用机械加工还是其他方法获得的零件实际表面都不可能是理想的，都存在宏观和微观的几何形状误差，零件的这种表面结构特性，可以用表面轮廓来反映。

表面轮廓是指理想平面与实际表面相截所得到的交线，如图 5-1 所示。测得的表面轮廓有三种，即原始轮廓、波纹度轮廓和粗糙度轮廓。这三种轮廓是对表面轮廓运用不同截止波长的轮廓滤波器滤波后获得的。

（1）原始轮廓（P 轮廓）：是通过 λs 轮廓滤波器后的总轮廓。

（2）粗糙度轮廓（W 轮廓）：是对原始轮廓采用 λc 轮廓滤波器抑制长波成分以后形成的轮廓，是经过人为修正的轮廓。粗糙度轮廓是评定粗糙度轮廓参数的基础。

（3）波纹度轮廓（R 轮廓）：是对原始轮廓连续应用 λf 和 λc 两个轮廓滤波器以后形成的轮廓。采用 λf 轮廓滤波器抑制长波成分，而采用 λc 轮廓滤波器抑制短波成分。这是经过人为修正的轮廓。波纹度轮廓是评定波纹度轮廓参数的基础。

注：本章内容以 GB/T 3505—2009《产品几何技术规范（GPS）表面结构 轮廓法 术语、定义及表面结构参数》为准。

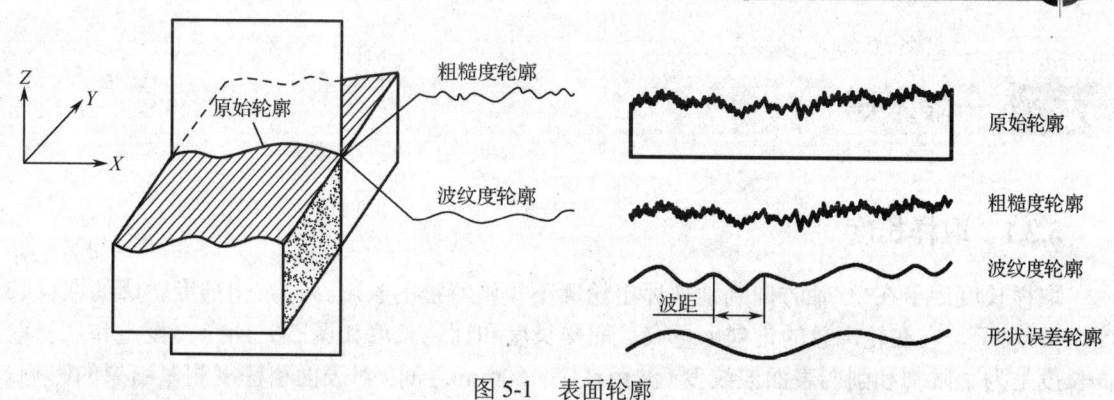

图 5-1　表面轮廓

5.1.2　表面粗糙度概述

表面粗糙度，是指加工表面具有的较小间距和微小峰谷所组成的微观几何形状特性。其两波峰或两波谷之间的距离（波距）很小，用肉眼是难以区别的，因此它属于微观几何形状误差。被加工零件表面产生微小峰谷的主要原因包括切削刀具的几何因素、积屑瘤的形成和脱落、工件表面的鳞刺、切屑分离时的塑性变形，以及工艺系统的高频振动等。

5.1.3　表面粗糙度对零件使用性能的影响

表面粗糙度越小，则表面越光滑。表面粗糙度的大小，对机械零件的使用性能有很大的影响，主要表现在如下几方面。

（1）表面粗糙度影响零件的耐磨性。具有微观几何形状误差的两个表面只能在峰顶发生接触，实际有效接触面积很小，导致单位压力增大，若表面间有相对运动，则峰顶间的接触作用会对运动产生摩擦阻力，同时使零件产生磨损。表面越粗糙，摩擦阻力越大，使零件表面磨损速度越快，耗能越多，且影响相对运动的灵敏性。表面过于光洁，不利于润滑油的储存，使工作面间形成半干摩擦或干摩擦，反而使摩擦系数增大，并且表面之间可能产生分子间的吸附作用。

（2）表面粗糙度影响配合性质的稳定性。对间隙配合来说，表面越粗糙，就越易磨损，使工作过程中间隙逐渐增大；对过盈配合来说，由于装配时将微观凸峰挤平，减小了实际有效过盈，降低了连接强度。表面比较粗糙时，轮廓峰在工作中被磨掉，零件尺寸发生变化，进而影响到配合性质。

（3）表面粗糙度影响零件的疲劳强度。粗糙零件的表面存在较大的波谷，它们像尖角缺口和裂纹一样，会引起应力集中，降低疲劳强度。

（4）表面粗糙度影响零件的抗腐蚀性。粗糙的表面，易使腐蚀性气体或液体通过表面的微观凹谷渗入到金属内层，造成表面腐蚀。表面质量差，存在裂纹时，耐腐蚀性会降低。

（5）表面粗糙度影响零件的密封性。粗糙的表面之间无法严密地贴合，气体或液体通过接触面间的缝隙渗漏。

此外表面粗糙度对零件的接触刚度、测量精度、镀涂层、导热性、接触电阻、反射能力、辐射性能、液体和气体流动的阻力、导体表面电流的流通等都会有不同程度的影响。

5.2 一般术语

5.2.1 取样长度

取样长度用于在 X 轴方向判别被评定轮廓不规则特征的长度，评定粗糙度轮廓的取样长度用 lr 表示。它在轮廓总的走向上量取，取样长度和评定长度如图 5-2 所示。规定和选择取样长度是为了限制和削弱表面波纹度（波距在 1～10mm 之间）对表面粗糙度测量结果的影响。取样长度过长，表面粗糙度的测量值中可能包含表面波纹度的成分；过短，则不能客观地反映表面粗糙度的实际情况，使测得结果有很大随机性。可见，取样长度与表面粗糙度的评定参数有关，在数值上与 λc 轮廓滤波器的截止波长相等。在取样长度范围内，一般应包含 5 个以上的轮廓峰和轮廓谷。

5.2.2 评定长度

评定长度是被评定轮廓的 X 轴方向上的长度，用 ln 表示，如图 5-2 所示。由于零件表面存在不均匀性，规定在评定时它包括一个或几个取样长度。在评定长度内，根据取样长度进行测量，此时可得到一个或几个测量值；取其平均值作为表面粗糙度数值的可靠值。一般情况下，取 $ln=5lr$；当表面比较均匀时，可取 $ln<5lr$；当表面均匀性较差时，可取 $ln>5lr$。

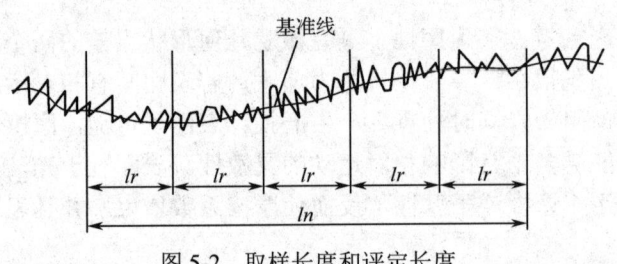

图 5-2 取样长度和评定长度

5.2.3 中线

中线是具有几何轮廓形状并划分轮廓的基准线。中线有下列两种。

1）轮廓最小二乘中线

轮廓最小二乘中线如图 5-3（a）所示，根据实际轮廓用最小二乘法来确定。在取样长度范围内，使轮廓上各点至该线的距离的平方和最小，即 $\sum_{i=1}^{n} Z_i^2 = \text{Min}$，则这条线就是最小二乘中线。

2）轮廓算术平均中线

在取样长度范围内，用一条假想线将实际轮廓分成上下两部分，且使上半部分的面积之和等于下半部分的面积之和，轮廓算术平均中线如图 5-3（b）所示。即 $F_1+F_3+\cdots+F_{2n-1} = F_2+F_4+\cdots+F_{2n}$，这条假想的线即为轮廓算术平均中线。

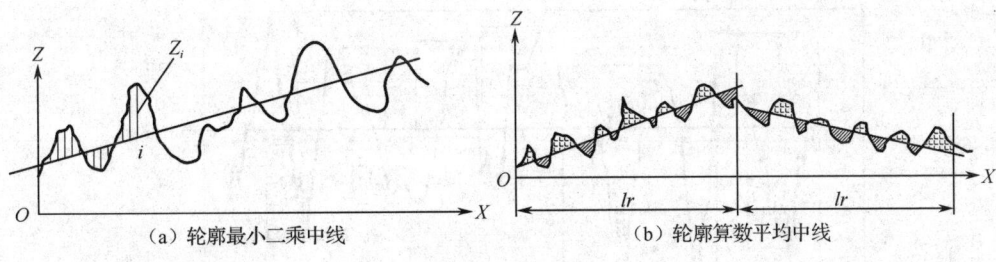

(a) 轮廓最小二乘中线　　　　　　　(b) 轮廓算数平均中线

图 5-3　轮廓中线

5.3　表面粗糙度的评定参数

国家标准规定的评定表面粗糙度的参数有幅度参数、间距参数、混合参数，以及曲线和相关参数四类。下面介绍其中几种主要评定参数。

5.3.1　轮廓算术平均偏差

在一个取样长度 lr 内，轮廓上各点至基准线的距离的绝对值的算术平均值，即为轮廓算术平均偏差 Ra（幅度参数），如图 5-4 所示。

$$Ra = \frac{1}{lr}\int_0^{lr} |Z(x)|\,dx \quad \text{或近似为} \quad Ra = \frac{1}{n}\sum_{i=1}^{n}|Z_i|$$

式中，Z 为轮廓偏距（轮廓上各点至基准线的距离）；Z_i 为第 i 点的轮廓偏距（$i=1, 2, 3, \cdots, n$）。

Ra 越大，则表面越粗糙。Ra 能客观地反映表面微观几何形状的特性，但因受到计量器具功能的限制，不能用作过于粗糙或太光滑表面的评定参数。

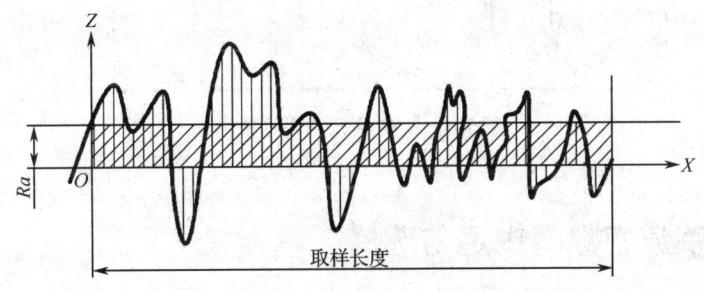

图 5-4　轮廓算术平均偏差

5.3.2　最大轮廓高度

在一个取样长度 lr 内，最大轮廓峰高 Zp 和最大轮廓谷深 Zv 之间的距离即为最大轮廓高度 Rz（幅度参数），如图 5-5 所示。

$$Rz = Zp + Zv$$

式中，Zp 为最大轮廓峰高；Zv 为最大轮廓谷深。

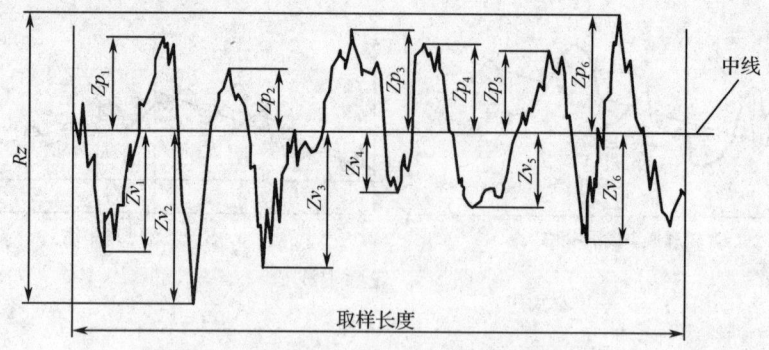

图 5-5 最大轮廓高度

5.3.3 轮廓单元的平均宽度

轮廓单元的平均宽度 Rsm（间距参数）是指在一个取样长度内轮廓单元宽度 Xs_i 的平均值，如图 5-6 所示。

$$Rsm = \frac{1}{m}\sum_{i=1}^{m} Xs_i$$

Rsm 反映了轮廓表面峰谷的疏密程度，Rsm 越大，峰谷越稀，密封性越差。

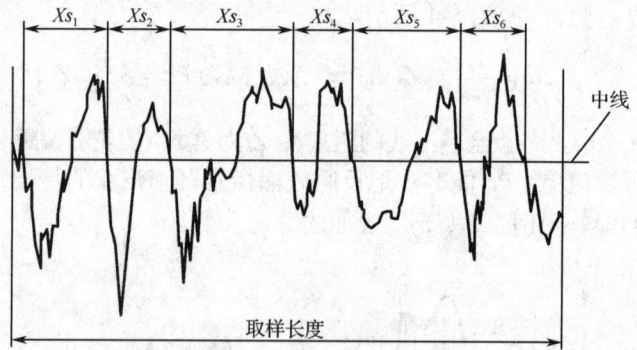

图 5-6 轮廓单元的平均宽度

5.4 评定参数的数值规定与选择

表面粗糙度的参数值已经标准化，设计时应按国标规定，从数值系列中选取。Ra、Rz 和 Rsm 的规范数值分主系列和补充系列，Ra、Rz、Rsm 的主系列数值分别列于表 5-1、表 5-2 和表 5-3。

国标规定采用中线制评定表面粗糙度，粗糙度的评定参数一般从 Ra、Rz 中选取，在常用的参数值范围内，优先选用 Ra。如果零件表面有功能要求时，除选用上述高度特征参数外，还可选用附加的评定参数，如间距特征参数和形状特征参数等。

表 5-1 Ra 的主系列数值（μm）

Ra	0.012	0.05	0.2	0.8	3.2	12.5	50
	0.025	0.1	0.4	1.6	6.3	25	100

表 5-2　Rz 的主系列数值（μm）

Rz	0.025	0.1	0.4	1.6	6.3	25	100	400	1600
	0.05	0.2	0.8	3.2	12.5	50	200	800	

表 5-3　Rsm 的主系列数值（mm）

Rsm	0.006	0.0125	0.025	0.05	0.1	0.2	0.4	0.8	1.6	3.2	6.3	12.5

选择评定参数数值的总原则是，在满足功能要求前提下，尽量选用较大的参数值，以获得最佳的技术经济效益。建议：同一个零件，工作表面粗糙度值小于非工作表面；摩擦表面粗糙度值小于非摩擦表面；滚动摩擦表面粗糙度值小于滑动摩擦表面；承受交变载荷的零件上，容易引起应力集中的部分表面粗糙度值应小；要求配合性质稳定可靠的零件粗糙度轮廓参数值应小；配合性质相同时，小尺寸的配合粗糙度轮廓参数值应小于大尺寸配合粗糙度轮廓参数值；对防腐性、密封性要求高的表面，以及要求外表面美观的表面，其粗糙度轮廓参数值应小；凡有关标准已对表面结构要求做出规定的（如量规、齿轮、与滚动轴承相配合的轴颈和壳体孔等）表面，应按标准规定选取粗糙度轮廓参数值。

5.5　表面粗糙度的标注

图样上所标注的表面粗糙度符号、代号，是该表面完工后的要求。

5.5.1　表面粗糙度符号

在图样上表示表面粗糙度的符号有 5 种，表面粗糙度符号及说明如表 5-4 所示。

表 5-4　表面粗糙度符号及说明

符　号	意义及说明
∨	**基本图形符号**，表示表面可用任何方法获得。由两条不等长的与标注表面成 60°夹角的直线构成。当不加注粗糙度参数值或有关说明（例如：表面热处理、局部热处理状况等）时，仅适用于简化代号标注
∨ (加短横)	**扩展图形符号**，基本图形符号上加一短横，表示指定表面是用去除材料的方法获得的，如通过车、铣、钻、磨、剪切、抛光、腐蚀、电火花加工、气割等机械加工获得的表面
∨ (加圆圈)	**扩展图形符号**，基本图形符号上加一圆圈，表示指定表面是用不去除材料的方法获得的。例如：铸、锻、冲压成形、热轧冷轧、粉末冶金等，或者用于保持原供应状况（包括保持上道工序的状况）的表面
完整符号三种	**完整图形符号**，在上述三个图形符号的长边上均加一横线，用于标注有关参数和说明，如评定参数和数值、取样长度、加工工艺、表面纹理及方向、加工余量等
带圆圈的三种	**工件轮廓各表面的图形符号**，在上述三个符号上均加一圆圈，表示图样某个视图上构成封闭轮廓的各表面有相同的表面粗糙度要求。如果标注会引起歧义，各表面应分别标注

5.5.2 表面粗糙度代号

表面粗糙度符号中,注写了具体参数代号及数值等要求后,称为表面粗糙度代号。为了明确表面结构要求,除了标注表面结构参数和数值外,必要时应标注补充要求,补充要求包括传输带、取样长度、加工工艺、表面纹理及方向、加工余量等。为了保证表面的功能特征,应对表面结构参数规定不同要求。在完整符号中,对表面结构的单一要求和补充要求应注写在指定位置,注写位置如图 5-7 所示。

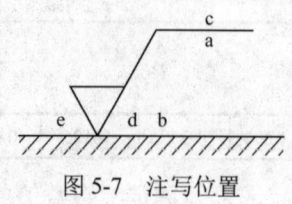

图 5-7 注写位置

图 5-7 中位置 a～e 分别注写以下内容:
——位置 a 注写表面结构的单一要求;
——位置 a 和位置 b 注写两个或多个表面结构要求;
——位置 c 注写加工方法,如"车""铣""镀"等;
——位置 d 注写表面纹理和方向,如"="" X "" M "等;
——位置 e 注写加工余量(单位为 mm)。

5.5.3 表面粗糙度代号在图样上的标注

表面结构要求对每一表面一般只标注一次,并尽可能标注在相应的尺寸及其公差的同一视图上。除非另有说明,所标注的表面结构要求是对完工零件表面的要求。总的原则是使表面结构的注写和读取方向与尺寸的注写和读取方向一致。表面结构要求可标注在轮廓线上,其符号应从材料外指向并接触表面,如图 5-8(a)所示。必要时,表面结构符号也可用带箭头或黑点的指引线引出标注。在不致引起误解时,表面结构要求可以标注在给定的尺寸线上(见图 5-9(b))或形位公差框格上(见图 5-10(a))。圆柱和棱柱的表面结构要求只标注一次(见图 5-11(a))。在三维图样上标注表面结构要求时,其标注平面应平行或垂直于三维主模型坐标轴(X, Y, Z)所形成的平面(XY, YZ, XZ),标注样例如图 5-8(b)、图 5-9(b)、图 5-10(b)和图 5-11(b)所示。

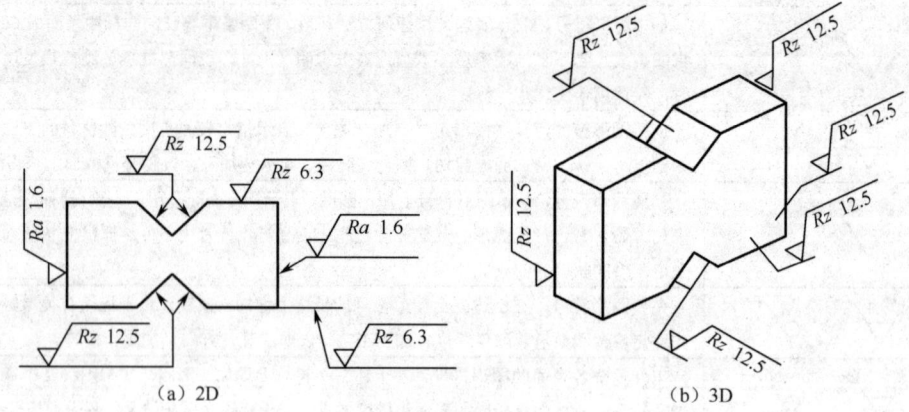

图 5-8 表面结构要求在轮廓线上的标注

第5章 表面粗糙度

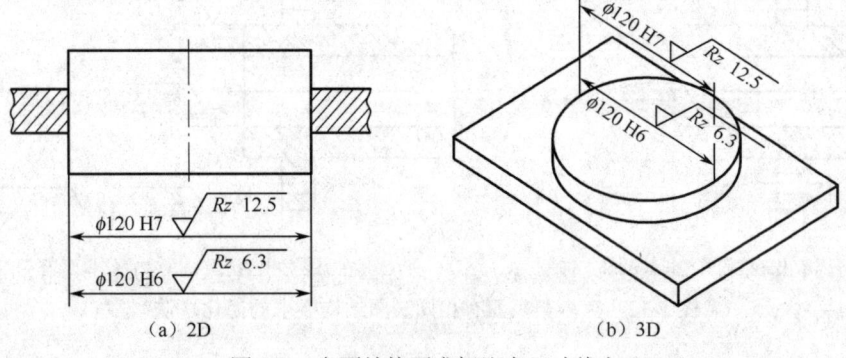

图 5-9　表面结构要求标注在尺寸线上

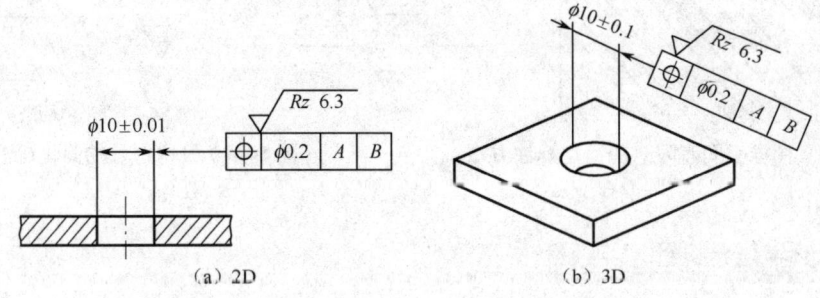

图 5-10　表面结构要求标注在形位公差框格的上方

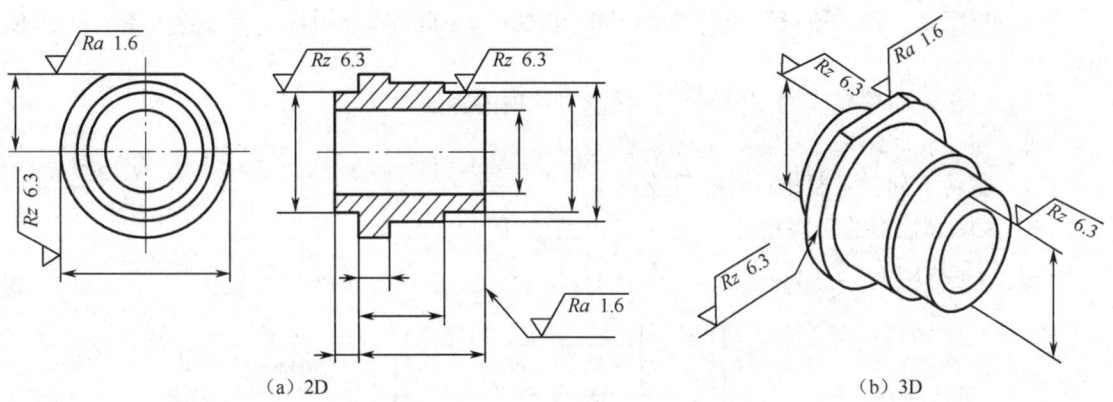

图 5-11　表面结构要求标注在圆柱特征的延长线上

如果对工件的多数（包括全部）表面有相同的表面结构要求，则其表面结构要求可统一标注在图样的标题栏附近。此时（除全部表面有相同要求的情况外），表面结构要求的符号后面应有必要的解释。如在圆括号内给出无任何其他标注的基本符号（见图 5-12（a））；或者在圆括号内给出不同的表面结构要求（见图 5-12（b））。不同的表面结构要求应直接标注在图形中。

当图样上标注空间有限时，对具有相同的表面粗糙度要求的表面也可采用如图 5-13 和图 5-14 所示的简化标注方法，先用简单的符号标注，再在标题栏附近用等式明确要求。

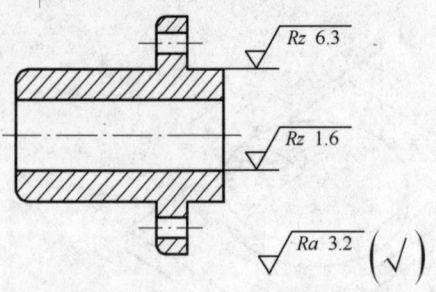
(a) 在圆括号内给出无任何其他标注的基本符号

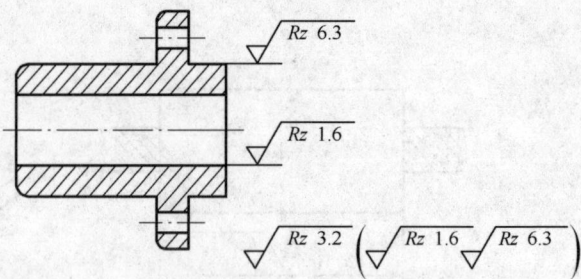
(b) 在圆括号内给出不同的表面结构要求

图 5-12 大多数表面有相同表面结构要求的简化注法

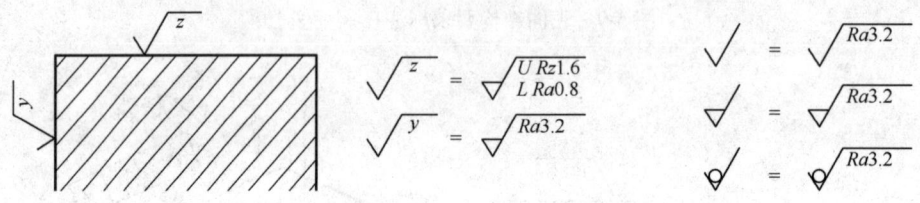

图 5-13 图样空间有限时的简化标注方法　　图 5-14 只用符号的简化标注方法

习题

5-1 填空题：在一般情况下，与 $\phi 150h6$ 相比，$\phi 40h6$ 应选用较_____（较大/较小）表面粗糙度。

5-2 画出表面粗糙度的完整符号，并说明各项内容的含义。

5-3 简述表面粗糙度对零件的使用性能的影响。

5-4 试将下列技术要求标注在图上：

（1）大端圆柱面的表面粗糙度 Ra 值不允许大于 $0.8\mu m$；

（2）其余表面 Ra 值不允许大于 $1.6\mu m$。

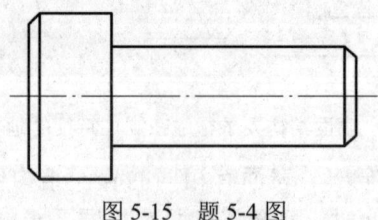

图 5-15 题 5-4 图

第6章 三维设计建模

随着制造业信息化技术与手段的不断发展和完善,我国机械制造业绝大部分的大、中型企业,已使用计算机进行产品的三维建模,并已经基本替代或完全替代了计算机二维设计制图和传统的手工设计制图。三维模型或三维图样完全代替二维工程图已经成为机械产品制造业发展的必然趋势,这是我国在产品设计上的又一次大的跨越。通过本章的学习,读者可以了解三维设计建模的通用要求;熟悉三维零件建模的原则和详细要求;掌握几何建模特征规范;了解装配建模的原则和要求;熟悉装配建模的流程和约束;了解数字样机的定义和分类。

本章内容涉及的相关标准主要有:
- GB/T 26099.1—2010《机械产品三维建模通用规则 第1部分:通用要求》;
- GB/T 26099.2—2010《机械产品三维建模通用规则 第2部分:零件建模》;
- GB/T 26099.3—2010《机械产品三维建模通用规则 第3部分:装配建模》;
- GBT 24734.1—2009《技术产品文件 数字化产品定义数据通则 第1部分:术语和定义》;
- GB/T 24734.6—2009《技术产品文件 数字化产品定义数据通则 第6部分:几何建模特征规范》;
- GB/T 24734.11—2009《技术产品文件 数字化产品定义数据通则 第11部分:模型几何细节层级》;
- GB/T 26100—2010《机械产品数字样机通用要求》;
- GB/T 26101—2010《机械产品虚拟装配通用技术要求》。

6.1 三维建模通用要求

6.1.1 有关术语和定义

特征——与一定功能和工程语义相结合的几何形状或工程信息表达的集合。

实体——由面或棱边构成封闭体积的三维几何体。

成熟度——对设计完成及完善程度的量化描述,其数值范围为0~1。

零件特征树——体现零件设计过程及其特征组成的树状表达形式,反映了模型特征间的相互逻辑关系。

三维建模——应用三维机械CAD软件建立产品整机或零部件三维数字模型的过程。

三维数字模型——计算机中反映机械产品几何要素、约束要素和工程要素信息的集合。
装配结构树——以树状形式表达并体现装配模型层次关系的信息集合。

6.1.2 三维数字模型的分类

根据模型对象的类型分类，一般可分为零件模型和装配模型。
根据零部件的建模特点分类，可分为机加类、铸锻类、钣金类、线缆管路类等。
根据三维数字模型的具体用途分类，可分为设计模型、分析模型、工艺模型等。
根据三维数字模型不同研制阶段技术特点分类，可分为概念模型、工程设计模型等。

6.1.3 三维数字模型的构成

完整的零部件三维数字模型由几何要素、约束要素和工程要素构成。
几何要素——三维数字模型所包含的表达零部件几何特性的模型几何和辅助几何等要素。
约束要素——三维数字模型所包含的表达零部件内部或零部件之间约束特性的要素，例如，尺寸约束、表达式约束、形状约束、位置约束等。
工程要素——三维数字模型所包含的表达零部件工程属性的要素，例如，材料名称、材料特性、质量、技术要求等。

6.1.4 三维建模通用要求

1）建模环境设置

在建模前应对软件系统的基本量纲进行设置，这些量纲通常包括模型的长度、质量、时间、力、温度等。其余的量纲可在此基础上进行推算，例如，当长度单位为毫米（mm）、时间单位为秒（s）、力的单位为牛顿（N）时，可以推算出速度的单位为毫米每秒（mm/s）、弹性模量单位为兆帕（MPa）。

此外还应对建模环境进行设置，通常包括公差设置、默认层设置、默认路径设置、辅助面设置、工程图设置等。

2）模型比例

模型与零部件实物一般应保持 1∶1 的比例关系。在某些特殊应用场合（如采用微缩模型进行快速原型制造时），可使用其他比例。

3）坐标系的定义与使用

坐标系的使用应遵循以下原则：三维数字模型应含有绝对坐标系信息；可根据不同产品的建模和装配特点使用相对坐标系和绝对坐标系，坐标系的使用可在产品设计前进行统一定义；坐标系应给出标识，且其标识应简明易读。

6.1.5 三维数字模型文件的命名原则

为了适应三维数字模型的建模、文件管理、存储、发放、传递和更改等方面要求，模型文件应按以下原则进行统一命名：

a）使模型文件得到唯一的存储标识，例如，可以采用文件名使之唯一，也可通过其他属性使之唯一；
b）文件名应尽可能精简、易读，便于文件的共享、识别和使用；

c）文件名应便于追溯，版本（版次）应能得到有效控制；

d）同一零部件的不同类型文件名称应具有相关性，例如，同一零部件的三维模型文件与其工程图文件之间应具有相关性；

e）文件命名规则亦可参照行业或企业规范进行统一约定。

6.1.6　三维数字模型检查

1）检查的基本原则

在将三维数字模型发放给设计团队或相关用户前，必须进行模型检查。模型检查的基本原则是：以产品规范及相关建模标准等为技术依据；以模型的有效性和规范性检查为重点；在设计的关键环节进行，通常应在数据交换或数据发放之前完成。

2）检查的基本内容

模型检查的基本内容通常包括以下内容：模型中几何信息的完整性、正确性和可更新性；工程属性信息描述的完整性（包括零件的材料、技术要求和互换性等）；三维模型与其投影生成二维工程图的信息应一致、无歧义。

6.1.7　三维数字模型管理要求

1）三维数字模型的发布

发布的内容可根据模型的不同应用要求发布不同的模型信息。

模型发布应符合以下原则：发布模型是下游相关用户获得有效模型的合法途径；发布模型应处于锁定状态，任何人和部门在没有获得更改权限前不得对其进行修改；根据发布用途，确定发布模型的性质、对象和应用场合。

发布数据的使用应符合以下原则：下游的设计活动必须以上游正式发布的数据为设计输入；发布数据应具有唯一的数据源，能够有效地控制版本和版次；发布数据的信息应能够满足本设计环节所需的设计信息。

2）数据管理要求

三维数字模型数据的管理在产品的全生命周期中，应能提供必要的信息，以保证对数据的管理和跟踪。

数据管理还应考虑到以下内容：建议将模型数据放在产品数据管理系统（PDM）中进行管理；应建立数据安全权限管理机制，定时对数据进行备份。对于所有涉及三维数字模型日常工作进程的数据、文档资料，都应当实行多机存档、多种存储介质（至少两种）备份，以避免因自然或人为因素而造成的灾难性数据、资料损失。

6.2　三维零件建模

6.2.1　有关术语和定义

草图——草图是一种参数化的特征，是应用草图工具绘制的近似曲线轮廓，在添加约束精确确定以后，可表达设计意图。在草图中，每一段被定义的曲线被称为草图对象。修改草图时,关联的实体模型可自动更新。

片体——0 厚度的体。

特征定位——将特征与模型几何相关联,通过修改定位尺寸值可以更改特征的位置。

主模型——在产品生命周期(如设计、分析、制造和产品服务)中,协调全生命周期、指导并保证数据共享和数据全局一致性的统一的数字化几何模型。在此体现为唯一以电子介质存在的零件设计模型文件。

引用集——在某一零组件模型文件上建立的供上一级组件装配时引用的几何对象集合,属于模型文件的一部分,并通过引用集名标识。

封装——通过计算封闭装配的一个相关实体外壳去简化一复杂的装配,同时表示将隐藏该零组件的内部结构。

自相交——如果在曲线或曲面域中的一个点是在该对象参数范围内至少两个点的图像,且这两个点中的一个位于参数范围的内部,则该曲线或曲面是自相交的。对于顶点、边或面的自相交定义同上。如果曲线或曲面是封闭的,则它们不被认为是自相交的。

零件族——具有类似几何形状,但尺寸不同的零件集合,多用于标准件。零件族常用来处理结构相同,而尺寸、参数、技术要求不尽相同的零组件。

6.2.2 总体原则和总体要求

总体原则包括:
- 零件模型应能准确表达零件的设计信息;
- 零件模型包含零件的几何要素、约束要素和工程要素;
- 零件模型的信息表达应具备在保证设计意图的情况下可被正确更新或修改的能力;
- 不允许冗余元素存在,不允许含有与建模结果无关的几何元素;
- 零件建模应考虑数据间应有的链接和引用关系,例如,模型的几何要素、约束要素和工程要素之间要建立正确的逻辑关系和引用关系,应能满足模型各类信息实时更新的需要;
- 建模时应充分体现面向制造的设计(Design for Manufacturing,DFM)准则,提高零件的可制造性。

总体要求有:
- 参与三维设计的机械零件应进行三维建模,这不仅包括自制件,还包括标准件和外购件等;
- 一般采用公称尺寸按 GB/T 4458.5 中的规定进行建模,尺寸的公差等级可通过通用注释给定,也可直接标注在尺寸数字上;
- 一般先建立模型的主体结构(如框架、底座等),然后再建立模型的细节特征(如小孔、倒圆、倒角等);
- 某些几何要素的形状、方向和位置由理论尺寸确定时,应按理论尺寸进行建模;
- 推荐采用参数化建模,并充分考虑零部件及零部件间参数的相互关联;
- 对于管路及其线束的卡箍等零件建模,推荐以其装配状态建立模型,但在设计中应考虑其维修或分解成自由状态时所需的空间;
- 在满足应用要求的前提下,尽量使模型简化,使其数据量减至最少;
- 工业设计要求较高的零部件对象,应进行相应的工业造型设计评审;
- 模型在发放前,应对其进行检查。

6.2.3 建模一般原则

利用三维软件建模，应遵循如下原则：
- 所有零件建模都应使用种子文件；
- 一般应以基本尺寸建立模型，而不考虑其尺寸偏差；
- 某些几何要素的形状、方向和位置由理论尺寸确定时，应按理论尺寸进行建模；
- 所有模型零件均应按主模型原理建立；
- 零组件模型中未定义的几何、非几何信息应在二维图样中示出；
- 为便于设计更改，宜采用参数化建模，并充分考虑参数及零组件间的关联；
- 同一零件的所有三维模型数据一般应放置在一个模型文件中。

6.2.4 详细要求

1）建模流程

零件建模流程如图 6-1 所示。

2）典型零件的建模要求

a）机加零件的建模要求

机加零件的设计需考虑零件刚度要求、强度要求、工艺性要求、制造成本等方面，还应考虑零件的装配、拆卸和维修。

机加零件建模的总体原则：零件的建模顺序应尽可能与机械加工顺序一致；在保证零件的设计强度和刚度要求的前提下，应根据载荷分布情况合理选择零件截面尺寸和形状；设计时应充分考虑零件抗疲劳性能，尽量使零件截面均匀过渡，尽量采用合理的倒圆，以降低应力集中；机加零件设计时应充分考虑工艺性（包括刀具尺寸和可达性），避免零件上出现无法加工的区域；铣削加工的零件应设计相对统一的圆角半径，以减少刀具种类和加工工序。

机加零件建模的总体要求：
- 采用自顶向下设计零件时，零件关键尺寸（如主轴孔、定位孔的关键尺寸等）应符合上一级装配的布局要求；
- 对零件进行详细建模时，可以把零件装配在上级装配件中，利用装配件中的相对位置对零件进行详细建模，也可以在零件建模环境下直接构建；
- 为了获得较高的加工精度和较好的零件互换性，设计基准和工艺基准应尽量统一，避免加工过程复杂化；
- 钻孔零件应充分考虑孔加工的可操作性和可达性，对于方孔等一般不应设计成盲孔；
- 选用合理的配合公差、几何公差和表面结构。

b）铸锻零件的建模要求

锻件一般包括自由锻件和模锻件，铸件一般包括砂型铸件和特种铸件。铸锻零件建模应符合以下总体原则：采用铸造工艺成形的零件，应考虑流道、浇口、纤维方向、流动性等要素；采用锻造工艺成形的零件，应考虑纤维方向、流动性、应力集中等要素；铸锻成形的零件建模时应考虑材料的收缩率。

铸锻零件建模时应满足以下总体要求：
- 模锻零件建模时可采用注释给出零件的纤维方向信息；

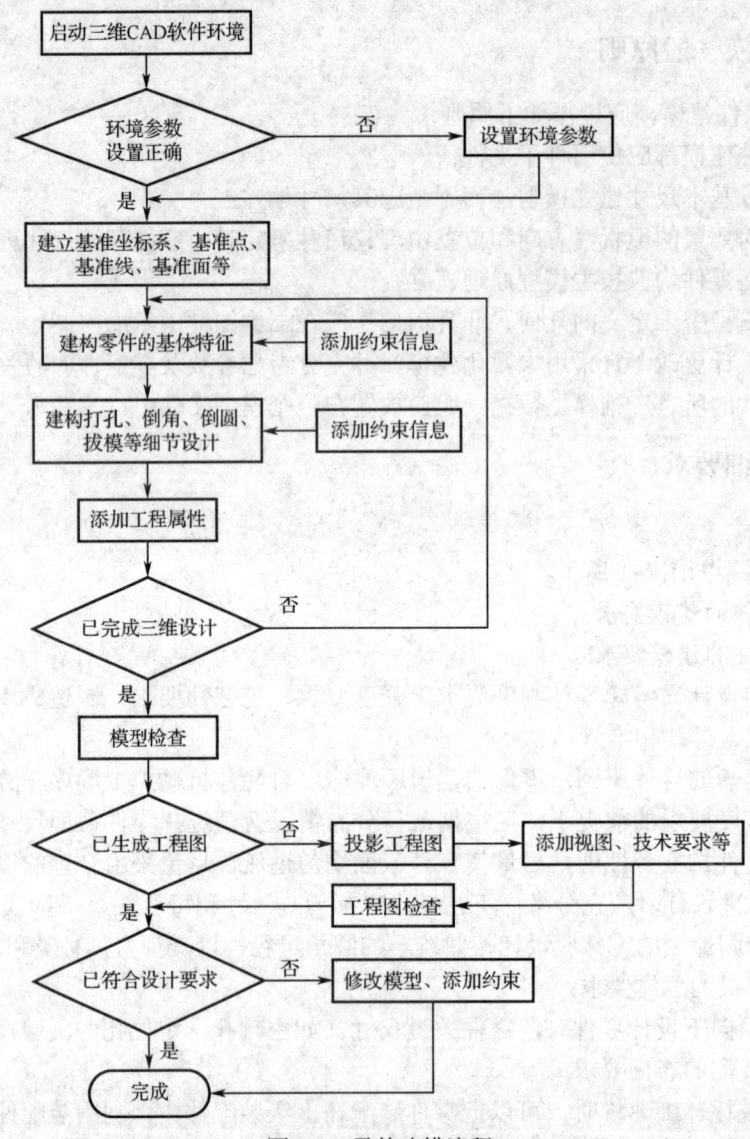

图 6-1 零件建模流程

- 铸锻零件模型上的起模特征一般应建出；
- 铸锻零件模型上的圆角特征通常应建出，如确实需要简化，应在注释中给出说明；
- 铸锻零件中的机加特征应符合机加零件的建模要求。

c）钣金零件的建模要求

可展开的钣金零件模型至少应包含以下内容：准确的折弯系数表；成形曲面；以成形曲面上直线和曲线定义的零件边界；弯折线和下陷线；紧固件的安装孔位；零件厚度、弯曲半径等信息。

钣金零件建模的基本流程如下：
- 设置环境参数；
- 选取或创建坐标系、基本目标点、基准线、基准面；
- 构造零件特征轮廓线；

- 几何特征设计，生成三维模型；
- 模型检查与修改。

d）管路零件的建模要求

管路零件材料的确定，一方面应考虑系统的工作压力和工作温度范围，另一方面应考虑导管中介质的特性，以及满足耐油性和耐腐蚀性的要求。

管路零件建模一般应遵循下列原则：确定合理的直径以保证油泵、液压马达等附件所需的流量和压力要求；根据系统设计的要求，选择适当的导管连接形式，保证管路组件具有良好的密封性、抗震性和耐疲劳性；在满足导管安装协调的情况下，一根导管应采用一个相同的弯曲半径值，以简化制造工艺；管路敷设的层次应考虑安全性和维修性，走向避免迂回曲折，减少复杂形状，减小流体阻力；导管的支承、固定应合理而可靠。

管路零件建模基本流程如下：
- 设定管路参数；
- 设计管线；
- 修改管线；
- 构建管路；
- 修改管路。

e）线缆的建模要求

线缆敷设至少应满足以下原则：安全可靠性要求；电磁兼容性要求；便于检查和维修；防止机械磨损和损坏；便于拆卸和完整地更换线缆。

线缆建模的基本流程如下：
- 设置系统环境；
- 设计接线图；
- 建立电气零件模型；
- 进行线缆敷设，根据需要可输出敷设二维图；
- 定义电线路径，根据需要可输出接线图；
- 输出展开的线缆二维图。

3）模型工程属性

零件模型应包含正确的工程属性，通常包括以下内容：材料名称、密度、弹性模量、泊松比、屈服极限（或强度极限）、折弯因子、热传导率、热膨胀系数、硬度、剖面形式等。应将常用的工程材料特性存储在数据库中，并应便于扩展。

4）几何建模特征规范和使用

几何建模特征一般包括基本建模特征、附加建模特征和编辑操作特征，如图6-2所示。

基本建模特征也称为主建模特征，用于构造零件的主体形状或基本体素。可以是增加材料特征，也可以是去除材料特征，另外也可以是生成面片。基本建模特征一般由草图特征通过拉伸、旋转、扫描和放样等方法获得，也可直接利用基本体素获得。

附加建模特征也称为辅建模特征，通常不作为第一个特征出现。附加建模特征是对基本特征或其他附加建模特征的修饰或细化，如倒角、圆角、肋板等。

编辑操作特征是对已有的特征对象进行编辑或操作的特征，通常不作为第一个特征出现。

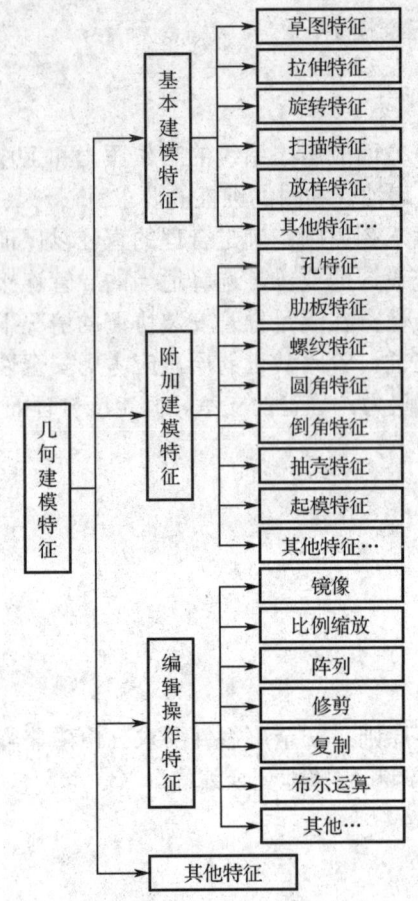

图 6-2 几何建模特征

a）零件建模特征的使用应符合以下要求：
- 特征应全约束，不得欠约束或过约束，另有规定的除外；优先使用几何约束，例如，平行、垂直或重合，其后才使用尺寸约束；
- 特征建立过程中所引用的参照必须是最新且有效的，不得出现过期（Out of Date）的特征；
- 为了便于表达和追溯设计意图，可以将特征重命名为简单易读的特征名；
- 推荐采用参数化特征建模，不推荐非参数化特征；
- 不应为修订已有特征而创建新特征，例如，在原开孔位置再覆盖一个更大的孔以修订圆孔的尺寸和位置。

b）草图特征的使用
草图特征的使用应符合以下要求：
- 草图应尽量体现零件的剖面，且应单独按设计意图命名；
- 草图对象一般不应欠约束（欠约束仅用于打样图、协调图等）及过约束。

c）倒角（或倒圆）特征
倒角（或倒圆）特征的使用应符合以下要求：
- 除非有特殊需要，倒角（或倒圆）特征不应通过草图的拉伸和扫描来形成；

第6章 三维设计建模

- 倒角（或倒圆）特征一般放在建模工作的最后完成，若其实体边在建模过程中因某种原因需要被分割（如开槽等特征操作）时，也可提前倒角（或倒圆）。

d）表达式（或关系式）的使用

表达式的使用应符合以下要求：
- 表达式的命名应反映参数的含义；
- 表达式中变量的命名应符合应用软件的规定；
- 对于经常使用的表达式和参数，可在模板文件中统一规定；
- 对于复杂表达式应增加相应的注释。

e）草图特征常用参数

草图特征的示意图如图 6-3 所示，草图特征的常用参数见表 6-1。

草图特征的常用参数包括（但不仅限于）：草图绘制面位置、草图几何、草图尺寸。

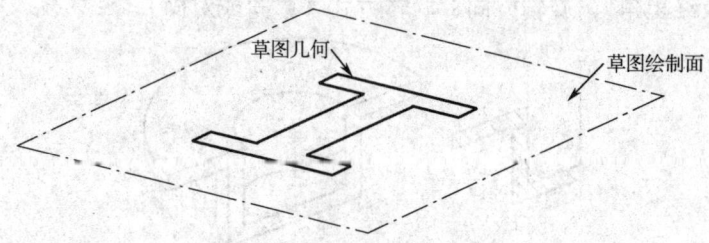

图 6-3　草图特征的示意图

表 6-1　草图特征的常用参数

参　　数	描　　述	限　制　条　件
草图绘制面位置	草图绘制面的位置和方向	—
草图几何	草图几何信息	应位于一个平面内
草图尺寸	草图的尺寸和约束	应完整约束

f）拉伸特征常用参数

增加材料的拉伸特征示意图如图 6-4 所示，拉伸特征的常用参数见表 6-2。

拉伸特征的常用参数包括（但不仅限于）：草图特征、拉伸起始面、拉伸终止位置（或拉伸距离）、拉伸方向、拉伸方式。

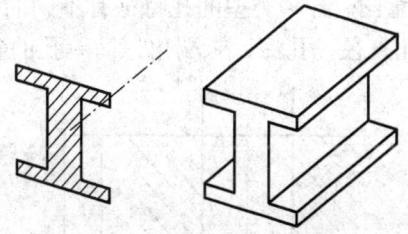

图 6-4　增加材料的拉伸特征示意图

表6-2 拉伸特征的常用参数

参　数	描　述	限　制　条　件
草图特征	提供完整的草图特征信息	草图信息应完整，对于体特征草图应封闭
拉伸起始面	拉伸起始面的位置	—
拉伸终止位置（或拉伸距离）	拉伸终止位置，也可以是拉伸距离	—
拉伸方向	指定拉伸特征的生成方向	草图面的法线方向（正向或反向）
拉伸方式	指定拉伸特征的生长方式	单向、双向

g）旋转特征常用参数

增加材料的旋转特征示意图如图6-5所示，旋转特征的常用参数见表6-3。

旋转特征的常用参数包括（但不限于）：草图特征、旋转轴线、旋转起始面（或起始角）、旋转终止位置（或终止角）、旋转方向、旋转方式（单向或双向）。

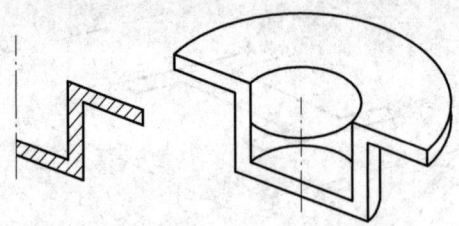

图6-5　增加材料的旋转特征示意图

表6-3　旋转特征的常用参数

参　数	描　述	限　制　条　件
草图特征	提供完整的草图特征信息	草图信息应完整，对于体特征草图应封闭
旋转轴线	提供旋转轴信息	与草图特征共面，且位于其一侧
旋转起始面（或起始角）	旋转起始面的位置或起始角	—
旋转终止位置（或终止角）	旋转终止位置，也可以是终止角	旋转角大于0°，但不大于360°
旋转方向	指定旋转特征的生成方向	绕旋转轴线的切线
旋转方式	指定旋转特征的生长方式	单向、双向

h）孔特征常用参数

图6-6给出了孔特征的示意图。各种类型的孔特征有不同的参数定义，以简单孔为例，其参数常包括（但不仅限于）：孔直径、孔深、末端角，简单孔的参数列表见表6-4。

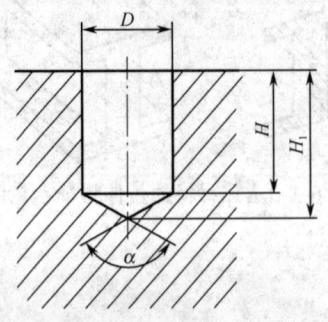

图6-6　孔特征的示意图

表6-4 简单孔的参数列表

参　　数	描　　述	限 制 条 件
孔直径 D	孔直径	—
孔深 H（钻孔深度 H_1）	孔深度（钻孔深度）	$H_1 > H$
末端角 α	末端角	

5）图层定义与管理

图层管理应按下列要求执行：

- 产品模型在进行三维数字模型检查时，应将图层作为其属性信息进行检查，发放的数据应带有各自确定的图层信息；
- 零件模型进入装配环境前，应将其放在第1层；
- 每一图层可有四种状态：工作、可选、可见、隐藏不可见，仅最终实体所在图层状态为工作状态，其余图层状态均为隐藏不可见状态。

6）模型着色与渲染

在评价模型的可视化效果时，为了提高模型的可读性和真实性，可对模型进行合理的着色处理。着色时，可参照零件实物的颜色或纹理进行。在进行渲染处理时，应包括以下内容：

- 灯光照明效果渲染；
- 材料及材料表面纹理效果渲染；
- 环境与背景的效果渲染。

7）DFM 要求

在三维建模设计时，针对 DFM 应考虑以下因素：

- 外形曲面应光顺；
- 曲面片尽量采用直纹曲面；
- 外形曲面片的划分应便于加工和成形。

在数控及其他加工零件的三维建模设计中，针对 DFM 应考虑以下因素：

- 模型数据应提供加工所需的基准面信息；
- 模型数据应提供零件加工和安装所需的工艺孔、定位孔等；
- 应提供所有实体定义中忽略标识的孔的中心线；
- 有特殊加工要求的零件应提供所要求的加工信息。

8）标准件与外购件建模要求

标准件模型应优先采用具有参数化特点的系列族表方法建立。对于无法参数化的零件，也可建立非系列化的独立模型。为了满足快速显示和制图的需要，标准件应按 GB/T 24734.11 规定的方法采用简化级表示。

外购件产品的模型推荐由供应商提供。用户可根据需要进行数据格式的转换，转换后的模型是否需要进一步修改，由用户根据使用场合自行确定。转换后的初始模型应予以保留，并伴随装配模型一起进入审签流程。

对无法从供应商处获得的外购件三维模型，可由用户自行建立。允许根据使用要求对外购件模型进行简化，但简化模型应包括外购件的最大几何轮廓、安装接口、极限位置、质量属性等影响模型装配设计的基本信息。

6.2.5 模型简化

1) 简化原则

为了缩短三维数字模型的建模时间,节省存储空间,提高模型的调用速度,三维数字模型的几何细节简化应遵循以下原则:
- 模型的简化应便于识别和绘图;
- 模型的简化不引起误解或不会产生理解的多义性;
- 模型的简化不能影响自身功能表达和基本外形结构,也不能影响模型装配或干涉检查;
- 模型的简化应考虑到三维模型投影为二维工程图时的状态;
- 模型的简化应考虑技术人员的审图习惯。

2) 详细的简化要求
- 与制造有关的一些几何图形,如内螺纹、外螺纹、退刀槽等,允许省略或者使用简化表达,但简化后的模型在用于投影工程图时,应满足机械制图的相关规定;
- 若干直径相同且成一定规律分布的孔组,可全部绘出,也可采用中心线简化表示;
- 模型中的印字、刻字、滚花等特征允许采用贴图形式简化表达,必要时也可配合注释说明;
- 在对标准件、外购件建模时,允许简化其内部结构和与安装无关的结构,但必须包含正确的装配信息。

3) 模型表示的级别与应用

模型表示的级别分为3级:

a) 标准级表示

在标准级表示中,对识别功能目的所需的几何形状和设计细节进行建模或显示。除非有特别说明,小于最大长度 0.5% 及表达功能目的所不需要的元素可不建模或不显示。

标准级表示用途示例包括(但不仅限于):装配体(总成)的设计和产品工艺;对安装要求的分析;对干涉状态的分析;运动学及动力学特性。

b) 简化级表示

在简化级表示中,只有零件的各部分、零件或装配体的基本形状需要建模或显示。倒角、沟槽、刻痕等元素,以及内部细节不需要建模或显示。因此,模型或零件不需要详细显示。

简化级表示用途示例包括(但不仅限于):处理非常大的零件或装配体(总成);可用的计算机资源非常有限;只需要少量的特定建模特征(如出于尺寸上的考虑)。

c) 扩展级表示

在扩展级表示中,所有的零件、总成或模型特征的建模或显示都应能表现其完整的细节。在满足功能需要的前提下,建模或显示的精度可以低于零件或模型特征的实际形式。除非有特别说明,小于最大长度 0.1% 的元素可不予建模或显示。有限体积的内部细节只有在必要时方予显示。

扩展级表示用途示例包括(但不限于):爆炸图的生成;手册的插图、制造工艺的说明等内容的生成。

6.2.6 模型检查

在对模型提交和发布前，应对模型进行如下检查：
- 模型是稳定的，且能够成功更新；
- 具有完整的特征树信息；
- 所有元素是唯一的，没有冗余元素存在；
- 零件比例为全尺寸的1∶1三维模型；
- 自身对称的零件应建立完整零件模型，并标识出对称面；
- 左、右对称的一对零件应建立各自的零件模型，并用不同的零件编号进行标识；
- 模型应包含供分析、制造所需的工程要素。

6.2.7 模型发布与应用

完成后的模型需要提供给相关用户使用时，必须按照发布流程进行发放，相关用户一般包括：分析工程师、工艺工程师和制造工程师等。

已发布的模型可根据需要用于不同应用场合，这些应用场合通常包括：工程分析与优化、装配建模、加工制造、变型设计、宣传与培训等。

6.3 装配要求

6.3.1 有关术语和定义

装配建模——应用三维机械 CAD 软件对零件和部件进行装配设计，并形成装配模型的过程。

装配约束——在两个装配单元之间建立的关联关系，它能够反映出装配单元之间的静态定位和动态运动副关系。

装配单元——装配模型中参与装配操作的零件或部件。

布局模型——也称为骨架模型或控制模型，它用于控制装配模型的姿态、整体布局、关键几何和装配接口等信息，主要由基准面、轴、点、坐标系、控制曲线和曲面等构成，在自顶向下设计中常作为装配单元设计的参照基准。

6.3.2 通用原则

在装配建模设计中，应遵循以下通用原则：
- 所有的装配单元应具有唯一性和稳定性，不允许冗余元素存在；
- 应合理划分零部件的装配层级，每一个装配层级对应着装配现场的一道装配环节，因此，应根据装配工艺来确定装配层级；
- 装配模型应包含完整的装配结构树信息；
- 装配有形变的零部件（如弹簧、锁片、铆钉、开口销、橡胶密封件等）一般应以变形后的工作状态进行装配；

机械设计制造标准与标准化

- 装配建模过程应充分体现面向制造的设计（Design for Manufacturing，DFM）准则与面向装配的设计（Design for Assembly，DFA）准则，要充分考虑制造因素，提高其工艺性能；
- 装配模型中使用的标准件、外购件模型应从模型库中调用，并统一管理；
- 装配模型发布前应通过模型检查。

6.3.3 总体要求

在装配建模设计中，应遵循以下总体要求：

- 装配建模采用统一的量纲，长度单位通常设为毫米，质量单位通常设为千克；
- 模型装配前，应将装配单元内部的与装配无关的基准面、轴、点及不必要的修饰进行消隐处理，只保留装配单元在总装配时需要的参考基准；
- 为了提高建模效率和准确性，零件级加工特征允许在装配环境下采用装配特征构建，但所建特征必须反映在零件级；
- 装配工序中的加工特征在零件级应被屏蔽掉；
- 在自顶向下设计时，可在布局模型设计中将关键尺寸定义为变量，以驱动整个模型，实现产品的设计、修改；
- 只有在装配模型中才能确定的模型尺寸可采用表达式或参照引用的方式进行设定，必要时可加注释；
- 复杂零部件参与装配时，可使用轻量化模型，以提高系统加载和编辑的速度；
- 在进行模型装配前，宜建立统一的颜色和材质要求，给定各种漆色对应的 RGB 色值和材料纹理，以满足模型外观的统一性要求；
- 可根据应用需要，建立装配模型的三维爆炸图状态，以便快速示意产品结构分解和构成；
- 每一级装配模型都应进行静、动态干涉检查分析，必要时，按 GB/T 26101 中的规定进行装配工艺性分析和虚拟维修性分析。

6.3.4 装配层级定义原则

每一级装配模型对应着产品总装过程中的一个装配环节。根据实际情况，每个装配环节可分解为多个工序。在分解工序和工步过程中应遵循 DFA 准则：

a）根据生产规模的大小合理划分装配工序，对于小批量生产，为了简化生产的计划管理工作，可将多工序适当集中；

b）根据现有设备情况、人员情况进行装配工序的编排。对于大批量生产，既可将工序集中，也可将工序分散，形成流水线装配；

c）根据产品装配特点，确定装配工序，例如，对于重型机械装备的大型零部件装配，为了减少工件装卸和运输的劳动量，工序应适当集中；对于刚性差且精度高的精密零件装配，工序宜适当分散。

6.3.5 装配约束的总体要求

装配约束的选用应正确、完整，不相互冲突，以保证装配单元准确的空间位置和合理的运动副定义。

装配约束的定义应符合以下要求：根据设计意图，合理选择装配基准，尽量简化装配关系；合理设置装配约束条件，不推荐欠约束和过约束情况；装配约束的选用应尽可能真实地反映产品对象的约束特性和运动关系，选用最能反映设计意图的约束类型；运动产品应能够真实反映其机械运动特性。

1）对于无自由度的装配模型

对于无自由度的装配模型，每个装配单元均应形成完整的装配约束。对于常用的平面与平面配合，一般采用面与面对齐和匹配方式进行约束；对于常用的孔轴类配合一般采用轴线与轴线对齐的方式。

常用的静态装配约束通常包括平面与平面、轴线与轴线、曲面相切、坐标系等。

a）平面与平面

可约束两个平面相重合，或具有一定的偏移距离。若两平面的法向相同，简称为"面对齐"约束；若两平面的法向相反，简称为"面匹配"约束；若两平面只有平行要求，没有偏距要求，简称为"面平行"约束。

b）轴线与轴线

可约束两个轴线相重合。这种约束常用于轴和孔之间的装配约束，通常简称为"轴线对齐"或"插入"。

c）曲面相切

可控制两个曲面保持相切。

d）坐标系

可用坐标系对齐或偏移方式来约束装配单元的位置关系。可将各个装配单元约束在同一个坐标系上，以减少不必要的相互参照关系。

2）对于具有自由度的装配模型

对于具有自由度的装配模型，应根据其实际的机械运动副类型进行装配。所形成的约束应与实际机械运动副的运动特性保持一致。常用的机械运动副包括转动副、移动副、平面副、球连接副、凸轮副、齿轮副等。

a）转动副

又称"回转副"或"铰链"，指两构件绕某轴线做相对旋转运动。此时，活动构件具有1个转动自由度。

b）移动副

又称"棱柱副"，指一个构件相对于另一个构件沿某直线仅做线性运动。此时，活动构件具有1个平移自由度。

c）平面副

一个构件相对于另一个构件在平面上移动，并能绕该平面的法线做旋转运动。此时，活动构件具有3个自由度，分别是2个平移自由度和1个转动自由度。

d）球连接副

一个构件相对于另一个构件在球心点位置做任意方向旋转运动。此时，活动构件具有3个转动自由度。

e）凸轮连接副

凸轮连接属于高副连接，用以表达凸轮传动的特性。

f）齿轮连接副

齿轮连接属于高副连接，用以表达齿轮传动特性。

3）装配模型中的机构运动分析基本要求

装配模型中的机构运动分析应符合以下要求：

a）针对具有运动机构的区域，定义装配约束关系、运动副类型、机构的极限位置；

b）对运动机构分别进行运动过程模拟，碰撞检查和机构设计合理性分析，并基于分析结果做出设计改进；

c）对产品各装配区域进行全局机构运动分析，直到得到最优的设计结果。

6.3.6 装配结构树的管理要求

装配结构树的管理应符合以下要求：

a）装配结构树应能表达完整有效的装配层次和装配信息；

b）应对零部件模型在装配结构树上相应表达的信息进行审查；

c）完成模型装配后，应对装配模型结构树上的所有信息进行最终的检查。

6.3.7 装配建模的详细要求

1）装配建模设计流程

产品的装配建模一般采用两种模式：自顶向下设计模式和自底向上设计模式。根据不同的设计类型及设计对象的技术特点，可分别选取适当的装配建模设计模式，也可将两种模式相结合。

两种设计模式各有特点，应根据不同的研发性质和产品特点选用合适的流程。

对于结构较简单的产品或成熟度较高的产品的改进设计，建议采用自底向上的设计模式。对于新研发或需要曲面分割的产品更适宜采用自顶向下的设计模式。两种设计模式并不互相排斥，在实际工程设计中，也常将两种设计模式混合使用。

2）自底向上装配建模的设计流程

自底向上装配建模的设计流程如图 6-7 所示。

a）完成装配单元设计

在进行装配建模设计前，应分别建立零部件模型。

b）创建装配模型

通过新建装配文件，创建产品的装配模型。装配模型可在行业或企业预定义的模板文件上产生。

c）确定装配的基准件

根据装配模型的结构特点和功能要求，确定装配的基准件。其他装配单元依据此基准件确定各自的位置关系。

d）添加装配单元

根据装配要求，按顺序将已完成设计的装配单元安装到装配模型中，逐步完成模型装配。装配时应选择合适的装配约束，减少不相关的参照关系。

3）自顶向下装配建模的设计流程

自顶向下装配建模的设计流程如图 6-8 所示。

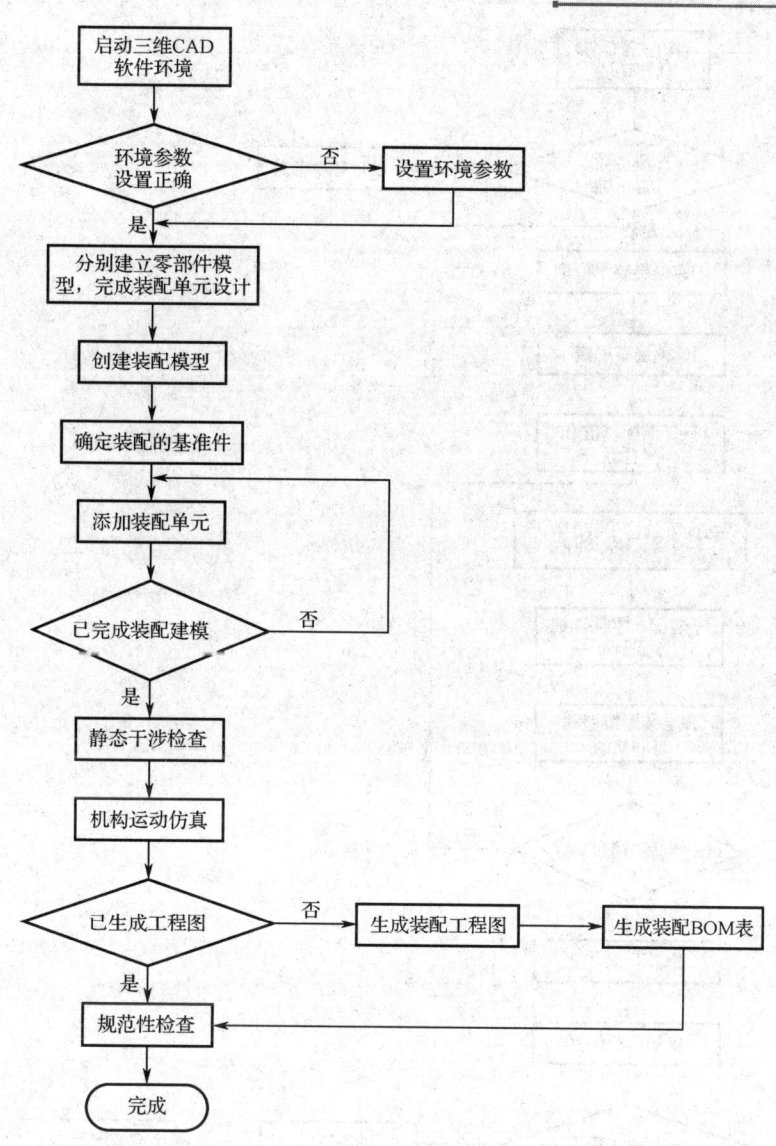

图 6-7 自底向上装配建模的设计流程

a）创建顶层装配模型

依据行业或企业预定义的模板文件产生初始的顶层装配模型。

b）创建顶层布局模型

根据顶层装配模型的特点，建立顶层布局模型，并在布局模型中建立控制顶层装配模型位置和姿态的关键点、线、面、坐标系，以及顶层装配模型的关键装配尺寸和装配基准参照等信息。

c）逐级创建装配单元

根据产品的结构分解，在总装配模型中依次创建参与各级别装配的装配单元，并根据需要对子装配模型分别建立各自的子布局模型，形成该子装配模型设计所需的几何信息和约束信息。子布局模型从顶层布局模型中继承模型信息，并随之更新；子布局模型可随着装配设计逐步细化和完善。

机械设计制造标准与标准化

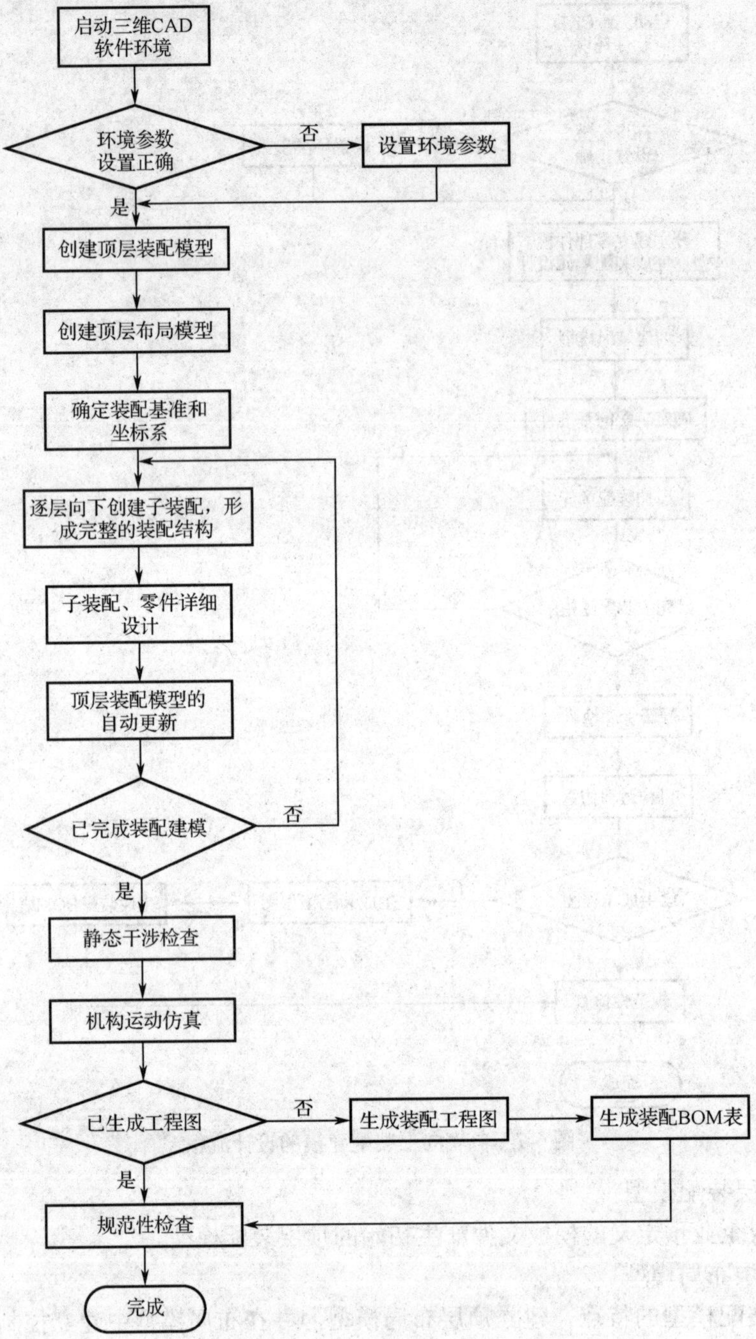

```
启动三维CAD
软件环境
   ↓
环境参数 ──否──→ 设置环境参数
设置正确
   ↓是              ↑
创建顶层装配模型
   ↓
创建顶层布局模型
   ↓
确定装配基准和
坐标系
   ↓
逐层向下创建子装配，形
成完整的装配结构
   ↓
子装配、零件详细
设计
   ↓
顶层装配模型的
自动更新
   ↓
已完成装配建模 ──否──→
   ↓是
静态干涉检查
   ↓
机构运动仿真
   ↓
已生成工程图 ──否──→ 生成装配工程图 ──→ 生成装配BOM表
   ↓是
规范性检查
   ↓
 完成
```

图 6-8　自顶向下装配建模的设计流程

d）定义全局变量

在总装配模型中定义全局变量，并通过全相关性信息逐级反映到各级子装配模型及其子布局模型中，形成产品设计的控制参数。

e）在装配模型中设计实体元件

根据从顶层装配模型中传递来的设计信息，分别设计满足要求的实体零件，通过零件装

配形成子装配模型。子装配模型设计可独立进行，亦可协同并行完成。各子装配模型设计完成后，通过数据更新可实现顶层装配模型的自动更新。

6.3.8 装配模型的封装

装配模型的封装应符合下列要求：
- 简化的实体在去除内部细节的同时，应确保正确的外部几何信息；
- 对模型进行容积和质量特性分析时，可以封装模型；
- 为消隐专利数据，实体可以在提供给供应商或子供应商之前简化或删除专利细节；
- 用于有限元分析的模型可以进行封装。

6.4 数字样机

数字样机是三维设计中常用的一个概念，不同的阶段采用不同的数字样机，实现不同的功能。

6.4.1 有关术语和定义

数字样机——对机械产品整机或具有独立功能的子系统的数字化描述，这种描述不仅反映了产品对象的几何属性，还至少在某一领域反映了产品对象的功能和性能。产品的数字样机形成于产品设计阶段，可应用于产品的全生命周期，这包括：工程设计、制造、装配、检验、销售、使用、售后、回收等环节；数字样机在功能上可实现产品干涉检查、运动分析、性能模拟、加工制造模拟、培训宣传和维修规划等方面。

数字化产品定义——对机械产品功能、性能和物理特性等进行数字化描述的活动。

全机样机——包含整机或系统全部信息的数字化描述。它是对系统所有结构零部件、系统设备、功能组成、附件等进行完整描述的数字样机。

子系统样机——按照机械产品不同功能划分的子系统所包含的全部信息的数字化描述。例如，动力系统样机、传动系统样机、控制系统样机等。

6.4.2 数字样机分类

按照数字样机研制的进程或生命流程阶段分类，一般分为方案样机、详细样机和生产样机。

按使用目的，为支持各种特殊目的（如仿真、制造、培训、市场宣传等）而构建的数字样机，具体可按用途确定。

按照数字样机构建软件的类型或数据格式进行分类。

6.4.3 数字样机构成

几何信息——数字样机的几何信息包含点、线、面、体等几何相关信息。

约束信息——数字样机的约束信息包含零部件间的约束、数字样机内部和外部的参照信息。

工程属性——数字样机的工程属性包含装配结构、装配明细、材料性能、运动副特性、整机工作特性、输入/输出特性、总体技术要求等信息。

6.4.4 数字样机建构总体要求

1）总则

机械产品数字样机的研制流程一般可按照方案样机、详细样机、生产样机的设计流程进行自顶向下的逐层建构、逐步细化。按照从总体到子系统再到细节设计的顺序进行数字样机的设计,一般设计过程如下:明确产品的功能需求;确定产品实现原理与实现途径;确定产品的总布局;划分各子系统所占空间,并确定各子系统间的接口尺寸和形式;部件设计;划分零件所占空间;零件设计。

数字样机的模型特征应反映所设计产品的实际特征,包含全部零部件及相关子系统的完整数字信息模型,并可进行工程分析、优化、生产制造及数据管理。

2）零部件标识

数字样机中的零部件标识应满足以下要求:统一性要求,即所有零部件应遵循统一的标识规则,标识规则可根据企业或行业特点自行拟定,但应有延续性;唯一性要求,即所有零部件的标识应唯一、排他,以免数据在存储、共享或发布中造成混乱;对于表达全生命周期的零部件信息时,如必要,可以在标识中设置阶段性标识、应用场合标识等加以区分;可读性要求,即零部件的标识名称可遵守行业或企业约定,提高标识的可读性;可扩展性要求,即零部件标识应可扩展,应能根据不同应用增加新信息。

3）模型装配要求

数字样机模型装配应符合以下要求:所有装配单元应为有效的最新版本,否则,应在产品的配置中予以说明;组成数字样机的各子系统样机应分层次、分系统进行模型装配;模型的装配层次应符合模型虚拟装配和拆卸的要求。

4）着色与渲染要求

数字样机着色与渲染应符合以下要求:对于数字样机设计中的过程模型,其着色应遵守易区分、易阅读、操作方便的原则;设计完成的数字样机模型应为实体着色状态;数字样机的最终模型应根据产品配色方案对模型文件进行着色,亦可参照物理样机的颜色确定模型色彩值;数字样机用于渲染时,应确定零部件材料纹理信息、光照、反射、阴影和背景等要素,以提高渲染的真实性。

5）模型状态要求

对于具有多种工作状态的机械产品,其数字样机模型通常应符合以下要求:对于具有运动副的机械产品,提交的数字样机应处于静止且稳定的状态;对于周期性运动的机械产品,提交的数字样机应处于一个周期内的零位,或在重力下保持稳定的状态;具有多种运动状态的数字样机模型可从其处于静止稳定状态的数字样机模型中派生得到。

6）模型成熟度要求

数字样机构建的进展情况可按照模型成熟度划分为不同等级,新产品的样机成熟度从 0 开始,到 1 为止。前一阶段提交的数字样机成熟度是下一阶段样机成熟度的起点。数字样机及其所包含的零部件的成熟度应符合以下要求:零部件成熟度是针对其自身而言的,数字样机成熟度是针对整个产品而言的;数字样机成熟度应由其组成的零部件成熟度推算得出;数字样机成熟度的变化应能激活相应的研发任务流程；数字样机成熟度可根据研发的具体情况提升或降低；在发生重大设计变更时，应先降低数字样机成熟度，随着变更设计的完成，数字样机成熟度将对应提高。

对于研发各阶段，数字样机模型成熟度可参照以下要求：方案设计阶段——成熟度范围为 0~0.25；详细设计阶段——成熟度范围为 0.25~0.85；工艺设计阶段——成熟度范围为 0.85~1.0。

6.4.5 数字样机构建详细要求

1）全机样机要求

全机样机是对各子系统样机进行总装配后形成的包含各个功能模块的完整数字样机。它是全机产品中各领域信息的集合体，是产品对象在计算机中的系统描述。全机样机应至少包含以下信息：应能完整反映产品结构、各分系统的分布及其在数字样机上的位置；应能反映全机和分系统间的结构与系统间的协调性和维修性；应能反映产品涉及的各领域或某个领域的工作原理和性能特性；应包含从数字样机转换为物理样机所需的完整的制造信息。

2）方案样机要求

方案样机形成于机械产品方案设计阶段，对方案样机的定义和结果应至少包含以下内容：描述产品初步的总体指标，定义初始的产品结构组成；描述产品的外形，进行工业设计评价；建立各子系统的基本参数和包络空间；进行初步的标准件、外购件、成品、设备的选型；方案参数优化及原理性试验模型；完成总体布局设计和方案样机的制作。方案设计完成后，其数字样机成熟度范围为 0.2~0.3。经评审后，可作为下一阶段设计工作的依据。

3）详细样机要求

详细样机形成于机械产品详细设计阶段，对详细样机的定义和结果应至少包含以下内容：进行系统总体设计、结构总体设计、通过 CAE 计算对系统进行初步的仿真和优化，得到详细设计方案；进行产品的详细质量计算、性能计算、载荷计算等，并对系统的可靠性、维修性及某些特定要求进行总体评估；完成各子系统和零部件模型详细的空间分割、接口定义、装配区域、包络空间、装配层次划分等工作；进行产品的详细设计；对总体设计参数（包括产品功能和产品性能等）进行校核，必要时进行局部修改和完善；零件工程图与装配工程图的图样生成；详细设计完成后，其数字样机成熟度范围为 0.8~0.9。经评审后，可作为下一阶段设计工作的依据。

4）生产样机要求

生产样机形成于机械产品工艺设计阶段，对生产样机的定义和结果应至少包含以下内容：刀具、夹具、量具设计；产品工艺过程仿真，包括虚拟制造仿真、虚拟装配仿真、虚拟车间（虚拟工厂）等；工艺文件的生成。生产样机经过评审后，标志着产品已完成了数字化定义，可进行正式生产发放。

5）几何样机要求

几何样机是机械产品数字样机的一个子集。它是从已发放的数字样机中抽取出的侧重几何信息表达的数字化信息描述。几何样机应至少包含机械产品的以下信息：反映各功能子系统在数字样机上的位置；零部件的构形、尺寸信息，以及几何约束关系；产品坐标系、装配与配合关系等信息。

6）功能样机要求

功能样机是机械产品数字样机的一个子集。它是从已发放的数字样机中抽取出的侧重功能信息表达的数字化信息描述。功能样机应至少包含机械产品的以下信息：产品工作原理信息；产品结构树；零部件组成、状态和使用说明；子系统间结构、功能方面的协调关系；产品的操作与维修信息。

7）性能样机要求

性能样机是机械产品数字样机的一个子集。它是从已发放的数字样机中抽取出的侧重性能信息表达的数字化信息描述。性能样机应至少包含机械产品的以下信息：产品工作性能指标；产品的输入、输出工作特性；产品子系统指标和子系统间的性能耦合关系；产品的安全系数，以及关键零部件的应力、应变指标；产品的寿命及其可靠性指标。

8）专用样机要求

专用样机是为某种专门用途而从数字样机的全机模型中抽取或简化出的模型对象，专用样机应满足以下要求：专用样机模型是由全机数字样机派生而来的，与全机数字样机具有父子关系；全机数字样机发生变化时，其派生的专用样机亦能够跟随变化；在从全机数字样机派生专用样机的过程中，可能会造成模型信息的损失，但这种损失应是可接受的，并且不影响专用样机的用途。

6.4.6 数字样机应用

机械产品数字样机作为企业的重要工程数据，应能够为产品的研发、生产、市场等多个环节提供相应的支持。

1）研发阶段

协同设计，即数字样机模型应能够支持总体设计、结构设计、工艺设计等的协同设计工作，能够支持项目团队的并行产品开发。工程分析通常包括以下内容：

- 空间结构分析，即分析数字样机模型是否具有正确的构形、尺寸、运动副、公差等信息，确保能够支持产品的干涉检查、间隙分析等，使设计者能够直观地了解样机中存在的问题；
- 质量特性分析，即分析数字样机模型是否具备完整的位置、体积、质量等属性，以保证为设计提供正确的质量、重心、转动惯量等参数；
- 运动分析，即分析数字样机模型是否具备正确的运动副、驱动类型、负载类型、阻尼与摩擦系数等信息，以保证设计师能够正确仿真产品的运动轨迹、包络空间、死点位置、速度、加速度、受力状况等动力学特性；
- 人机工效分析，即分析数字样机模型是否具备该产品在使用中的人体姿态的相关信息，以保证该产品具有良好的人机性，包括产品使用时的操控性、舒适性和维修性等。

校核计算，即计算数字样机模型是否能为产品的校核计算提供数据信息，这通常包括几何属性、材料特性、失效准则、边界条件、载荷属性、温湿度等，为产品的整机或局部静力学、动力学、液压、温控、自控、电磁等多个领域提供校核计算的基础数据。

优化计算，即计算数字样机模型是否能为产品的整机、局部或原理模型提供空间构形优化、机构优化、装配优化、多学科优化等所需的计算数据，这些数据包括优化目标、优化变量、边界条件、优化策略、迭代方式等。

2）生产阶段

装配分析：数字样机应能够提供产品装配分析的数据信息，包括装配单元信息、装配层次信息等，以保证对产品的装配顺序、装配路径、装配时的人机性、装配工序和工时等进行仿真，进而验证产品的可装配性，为定义、预测、分析装配误差、技术要求提供必要的数据。

工艺性评估：数字样机应为产品的工艺仿真和评估提供数据，包括加工方法、加工精度、加工顺序、刀路轨迹和刀具信息等，实现对样机的 CAM 仿真和基于三维数字样机的工艺规划。

3）销售阶段

产品宣传：数字样机应能够为产品宣传提供逼真的动静态产品数据，包括产品的渲染图片、产品结构、产品组成、工作过程、实现原理等宣传资料。

产品培训：数字样机应能够为产品培训提供分解图、原理图等动、静态数据，甚至包括虚拟现实环境下的产品虚拟使用与维修培训。

产品投标：数字样机应能够提供近似产品的快速变形与派生设计，以满足市场报价、快速组织投标和生产的需要。

习题

6-1 请按国标规定写出以下术语的定义：

主模型、实体、特征、数字样机、装配约束。

6-2 试说明自顶向下和自底向上两种装配设计流程的区别和应用范围。

6-3 常用的几何特征都由参数来控制，请参照拉伸特征的示例，从基本建模特征和附加建模特征中各举一例说明。

第7章 三维设计制图

随着三维建模技术的发展和广泛应用,含有各类信息的三维模型可直接指导生产和技术交流,但在由二维工程图向三维全息模型提升转化的过程中,软硬件设备和技术未得到大范围应用,大部分企业还将三维设计制图作为交流工具。三维设计制图的规范和标准是在二维制图基础上,根据三维设计的特点改进完善得来的。通过本章的学习,读者可以了解制图要求和设定要求;掌握图样配置的要求;熟悉各类视图的画法要求;掌握尺寸和公差标注方法;了解指引线和设计符号的标注方法。

本章内容涉及的相关标准主要有:
- GB/T 14665—2012《机械工程 CAD 制图规则》;
- GB/T 4458.1—2002《机械制图 图样画法 视图》;
- GB/T 14689—2008《技术制图 图纸幅面和格式》;
- GB/T 10609.1—2008《技术制图 标题栏》;
- GB/T 10609.2—2009《技术制图 明细栏》;
- GB/T 10609.3—2009《技术制图 复制图的折叠方法》;
- GB/T 14690—1993《技术制图 比例》;
- GB/T 14691—1993《技术制图 字体》;
- GB/T 17450—1998《技术制图 图线》;
- GB/T 4457.4—2002《机械制图 图样画法 图线》;
- GB/T 4457.5—2013《机械制图 剖面区域的表示法》;
- GB/T 4458.3—2013《机械制图 轴测图》;
- GB/T 24734—2009《技术产品文件 数字化产品定义数据通则》第 1～11 部分;
- GB/T 26099.4—2010《机械产品三维建模通用规则 第 4 部分:模型投影工程图》;
- GB/T 4458.4—2003《机械制图 尺寸注法》;
- GB/T 4656—2008《技术制图 棒料、型材及其断面的简化表示法》。

7.1 制图要求

7.1.1 有关术语和定义

工程图模板——三维机械设计软件中的一种文件类型。通过标准化定制和使用该文件,可使投影产生的工程图达到协调统一、提高用户工作效率的目的。

种子部件——一种用于定义其他部件的已存部件，能包括一些优先设置、标准数据（如引用集或层目录等）和源自种子部件的可被新部件继承的几何对象。

标注——无须手工或外部处理即可见的尺寸、公差、注释、文本和符号。

标注面——标注所在的概念性平面。

关联实体——与标注关联的产品定义中的相关部分。

关联性——数据元素间的关联关系。

属性——表达产品定义或产品模型特征所需的不可见的尺寸、公差、注释、文本或符号，但这些信息可通过查询得到。

基准体系——两个或三个单独基准构成的有序组合，这些基准可以是单基准也可以是公共基准。

7.1.2 总体要求

采用三维机械设计软件通过投影产生的工程图样应符合以下总体要求：

- 用户通过定制三维机械设计软件中的工程图环境，投影生成的工程图应按 GB/T 4458.1 和 GB/T 14665 中的规定，对于某些不能满足的要求，用户应制定企业标准以补充说明图样中与国家标准的不符之处；
- 可统一定制三维机械设计软件中的工程图模板，以对工程图中的投影法、字体、字高、线型、线宽、比例、图框、标题栏、基本视图等进行规定；
- 所有视图应由三维模型投影生成，不推荐在工程图环境下绘制产生；除非某些无法用投影直接表达的示意图和原理图才允许在工程图环境下绘制产生；
- 以三维模型通过投影产生的视图，其形状和尺寸源于三维模型，且与三维模型相关联；但三维模型被修改时，其投影的视图和标注应随之修改；
- 仅采用工程图表达零部件对象时，工程图图样应具有完整性，应包含独立表达零部件所需的全部信息；
- 各种标注的定位原点应与相应的视图对象相关联，如尺寸、表面结构、焊接符号等。

7.1.3 一般要求

使用三维软件绘制工程图样应符合以下的一般要求：

- 二维图样一般以主模型方法建立，其各种视图和尺寸应保证与实体模型完全相关、一致；
- 二维图样一般用种子部件的方法建立，不应随意删改种子部件中的标准设置；
- 二维图样应具有自身的完整性，保证独立表达零组件所需的全部技术要求；
- 各类非视图类制图对象的定位原点应与相应的视图相关联，如尺寸、焊缝符号及粗糙度符号等；
- 当一个零部件以多页图样表达时，推荐绘制在一个文件中。同一文件中的每个图样均应有效，不应有多余的与本零部件无关的图形要素；
- 图样的命名可根据行业和企业规定制定统一的命名规则。

7.1.4 数据集识别与控制

数据集标识符应该具有唯一性，并且由数字、字母或特殊字符以任何形式组合构成，数据集标识符中不允许出现空格。数据集标识符的最大长度取决于所采用的计算机系统和操作系统。只有在不影响数据集标识，以及不会对计算机系统运行带来负面影响的情况下，数据集标识符中才能选用连字号（—）、斜杠（/）或星号（*）等特殊字符。

相关数据应集成于数据集，或被数据集引用。相关数据包括但不限于如图 7-1 所示的内容：分析数据、测试文本、明细栏、材料、结果过程及注释。

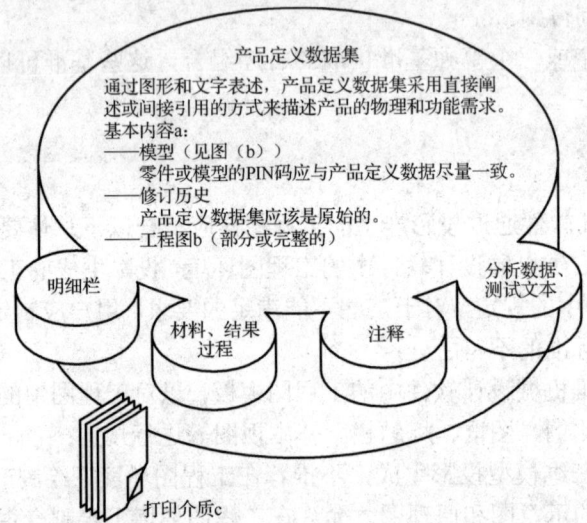

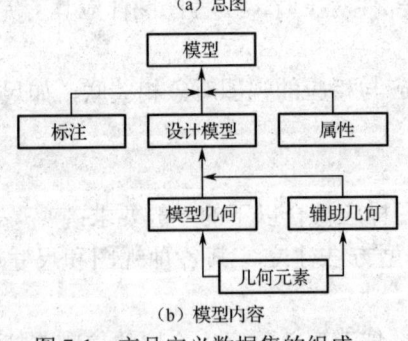

图 7-1　产品定义数据集的组成

7.2　图样配置

7.2.1　图纸幅面和格式

图幅，就是图纸的大小。国标规定的基本幅面的尺寸见表 7-1。图纸幅面最重要的特点就是：一张较大的图纸沿长边对折裁开就是较小一号的图纸。必要时，允许采用加长幅面。

图框，就是绘图界限，即绘图的范围。在图纸上必须用粗实线画出图框，其格式分为不留装订边和留有装订边两种，但同一产品的图样只能采用一种格式。

图幅尺寸见表 7-1，图幅和图框如图 7-2 所示。

表 7-1　图幅尺寸

幅　面　代　号	A0	A1	A2	A3	A4
$B×L$（mm²）	841×1189	594×841	420×594	297×420	210×297
e（mm）	20		10		
c（mm）	10			5	
a（mm）	25				

注：在 CAD 绘图中对图纸有加长加宽的要求时，应按基本幅面的短边（B）成整数倍增加。

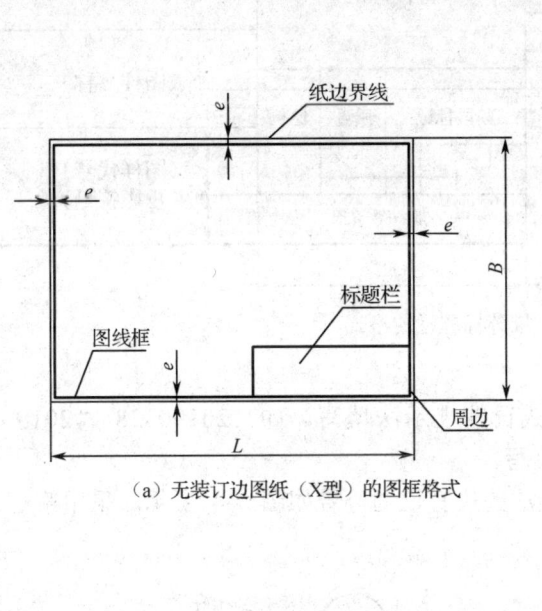
（a）无装订边图纸（X型）的图框格式

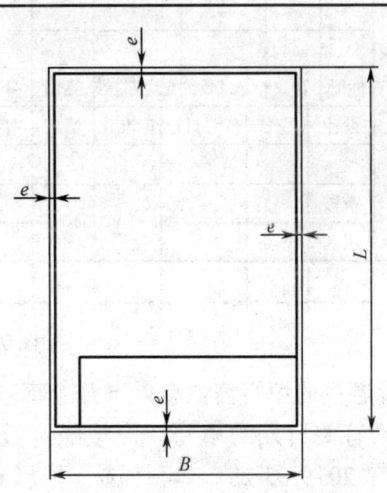
（b）无装订边图纸（Y型）的图框格式

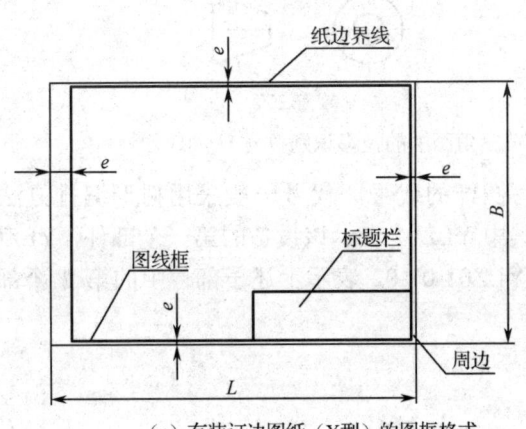
（c）有装订边图纸（X型）的图框格式

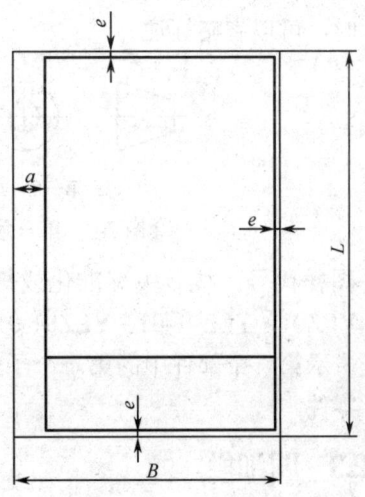
（d）有装订边图纸（Y型）的图框格式

图 7-2　图幅和图框

7.2.2 标题栏

每张技术图样都应有标题栏，且其位置配置、线型、字体等都要遵守相应的国家标准。标题栏一般由更改区、签字区、其他区、名称及代号区组成，也可按实际需要增加或减少。各单位也可根据情况制定自己的标题栏格式。标题栏的位置应位于图纸的右下角。标题栏的长边置于水平方向并与图纸的长边平行时，则构成 X 型图纸；栏的长边与图纸的长边垂直时，则构成 Y 型图纸。在此情况下，看图的方向与看标题栏的方向一致。如图 7-3 所示为推荐标题栏的格式。

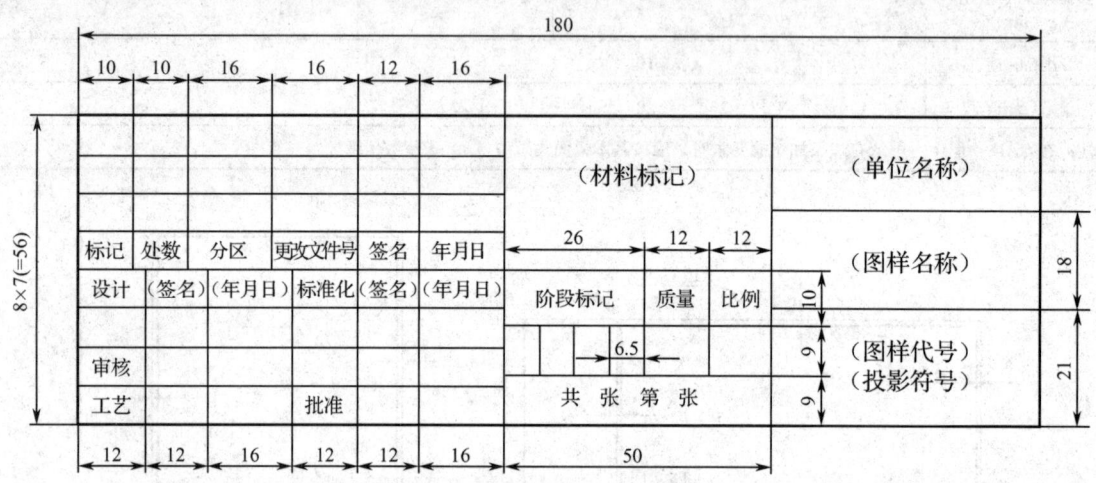

图 7-3　推荐标题栏的格式

标题栏的填写需注意以下几个事项：

- 有关日期的填写，应按照全数字式日期表示法填写，如"20190328""2019-03-28""2019 03 28"，可任选一种形式填写。
- 投影符号。第一角画法和第三角画法的投影识别符号如图 7-4 所示。采用第一角画法时，可以省略标注。

　　　(a) 第一角　　　　　　　　(b) 第三角

图 7-4　第一角画法和第三角画法的投影识别符号

- 图样代号。按有关标准化或规定填写图样的代号。代号一般采用树形编排方法，如 YLZ01、YLZ01-01、YLZ01-01-02，其中 YLZ01 表示该设备的第一个部件，YLZ01-01 表示第一个部件中的第一个子部件，YLZ01-01-02 表示上述子部件中的第 2 个部件或零件。

7.2.3 明细栏

装配图中一般应有明细栏。明细栏一般配置在装配图中标题栏的上方，按由下而上的顺序填写，推荐明细栏的格式如图 7-5 所示。其格数应根据需要而定。当由下而上延伸位置不够时，可紧靠在标题栏的左边自下而上延续。当装配图中不能在标题栏的上方配置明细栏时，可作为装配图的续页按 A4 幅面单独给出。明细栏一般由序号、代号、名称、数量、材料、质量（单件、总计）、备注等组成，也可按实际需要增加或减少。

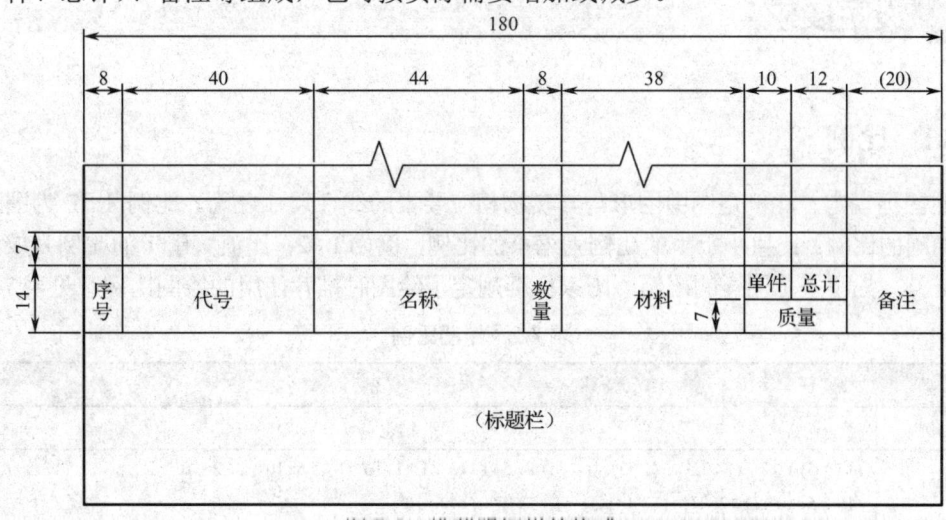

图 7-5　推荐明细栏的格式

7.2.4　附加符号

1）对中符号

为了使图样复制和缩微摄影时定位方便，对于各号图纸，均应在图纸各边长的中点处画出对中符号。对中符号用粗实线绘制，线宽不小于 0.5mm，长度从纸边界开始至伸入图框内约 5mm。当对中符号处在标题栏范围内时，则伸入标题栏部分省略不画。

2）方向符号

为了明确绘图与看图时图纸的方向，应在图纸的下边对中符号处画出一个方向符号，方向符号是用细实线绘制的等边三角形。

3）剪切符号

为使复制图样时便于自动剪切，可在图纸的四个角上分别绘出剪切符号。剪切符号可采用直角边边长为 10mm 的黑色等腰三角形。当这种符号对某些自动切纸机不适合时，也可以将剪切符号画成两条粗线段，线段的线宽为 2mm，线长为 10mm。

7.2.5　复制图的折叠方法

根据国标规定，折叠后的图纸幅面一般应有 A4（210mm×297mm）或 A3（297mm×420mm）的规格。对于需装订成册又无装订边的复制图，折叠后的尺寸可以是 190mm×297mm 或 297mm×400mm。无论采用何种折叠方式，折叠后复制图上的标题栏均应露在外面。

折叠方法分需装订成册和不需装订成册两种，需装订成册的方法又分为有装订边和无装订边。需装订成册的有装订边的复制图，首先沿标题栏的短边方向折叠，然后再沿标题栏的长边方向折叠，并在复制图的左上角折出三角形的长边，最后折叠成 A4 或 A3 的规格，使标题栏露在外面。不需装订成册的复制图可以沿标题栏的长边（或短边）方向折叠，然后再沿标题栏的短边（或长边）方向折叠成 A4 或 A3 的规格，使标题栏露在外面。具体操作示意图可见 GB/T 10609.3—2009《技术制图 复制图的折叠方法》。

7.3 设定要求

7.3.1 比例

按照国标规定,比例是图中图形与其实物相应要素的线性尺寸之比。比例 1:1 为图形与实物尺寸相同的比例;比值小于 1 的比例为缩小的比例,例如 1:2;比值大于 1 的比例为放大的比例,如 2:1。为了规范图样的比例,国家标准规定了绘图时推荐使用的绘图比例,见表 7-2。

表 7-2 绘图比例

种 类	比 例
原值比例	1:1
缩小比例	(1:1.5) 1:2 (1:2.5) (1:3) (1:4) 1:5 (1:6) $1:1\times10^n$ $(1:1.5\times10^n)$ $1:2\times10^n$ $(1:2.5\times10^n)$ $(1:3\times10^n)$ $(1:4\times10^n)$ $1:5\times10^n$ $(1:6\times10^n)$
放大比例	2:1 (2.5:1) (4:1) 5:1 $1\times10^n:1$ $2\times10^n:1$ $(2.5\times10^n:1)$ $(4\times10^n:1)$ $5\times10^n:1$

注:n 为正整数;( ) 中的比例尽量不用。

选择比例时尽量采用 1:1 的比例,但是事物总是变化的,对于机械制图,大的机械产品尺寸是相当大的,大到几米、几十米,如机床、汽车、轮船、飞机,但是小的尺寸也是非常小的,如手表、钻戒、便携式的仪器设备(如风速仪、温度计、各种传感器)等。因此机械制图中比例应用还是十分广泛的。表 7-2 中的比例都可以采用,应当尽量选择 1、2、5 系列的比例,括号中的比例尽量不用。对于建筑制图、地理制图可以采用更大的比例,如 1:100 000 等。

7.3.2 字体

按照国标规定,图样中的文字必须做到:字体工整、笔画清楚、间隔均匀、排列整齐。文字的高度尺寸系列为 1.8mm、2.5mm、3.5mm、5mm、7mm、10mm、14mm、20mm。汉字应为长仿宋字,字高为字宽的 1.414 倍。字母和数字可以写为直体,也可以写为斜体,斜体字字头向右倾斜,与水平基准线成 75°。字母与数字的笔画宽度分为两种,A 型字为自高的 1/14,B 型字为字高的 1/10,A、B 型字的字形没有什么区别,只是笔画宽度不同。文字的排列格式和间距的具体要求详见 GB/T 14691—1993。以下为部分示例:

7 号字

横平竖直注意起落结构均匀填满方格

5 号字

技术制图机械电子汽车航空船舶土木建筑矿山井坑港口纺织服装

3.5 号字

螺纹齿轮端子接线飞行指导驾驶舱位挖填施工引水通风闸阀坝棉麻化纤

字号的选用可以根据幅面大小确定，推荐的字号与图幅见表 7-3。

表 7-3　推荐的字号与图幅

字符类别	图幅				
	A0	A1	A2	A3	A4
	字体高度 h				
字母与数字（mm）	5			3.5	
汉字（mm）	7			5	

h=汉字、字母和数字的高度

7.3.3　图线

技术制图标准（GB/T 17450—1998）规定了图线的名称、型式、结构、标记及画法规则，适用于各种技术图样，如机械、电气、建筑和土木工程图样等。机械制图标准 GB/T 4457.4—2002 规定了机械制图中所用图线的一般规则，适用于机械工程图样，是 GB/T 17450 的补充。

图线定义为起点和终点间以任意方式连接的一种几何图形，形状可以是直线或曲线、连续线或不连续线。工程图样中，图线的常用线型见表 7-4。

表 7-4　图线的常用线型

名　称	基本线型图例
粗实线	 ———————
细实线	 ———————
波浪线	 ～～～～～
双折线	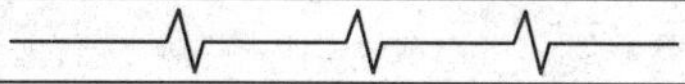 —⌇—⌇—⌇—
细虚线	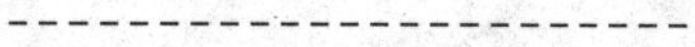 - - - - - - -
细点画线	 — · — · — · —
细双点画线	 — ·· — ·· — ·· —

图样中的图线根据不同的用途一般用不同的宽度来绘制，图线宽度应在下面的数系中选择，该数系的公比为 $1:\sqrt{2}\approx 1:1.4$。粗线、中粗线和细线的宽度比为 4:2:1。同批图样中，同种图线的宽度应相同。

除非另有规定，两条平行线之间的最小间隙不应小于 0.7mm。

基本图线的应用如图 7-6 所示。

- 粗实线用于：可见棱形边线、可见轮廓线（回转体）、表格图、流程图中到主要表示线、剖切符号用线等。
- 细虚线用来表示不可见轮廓线和棱形边线。
- 细点画线表示回转体的轴线、对称中心线、剖切线、齿轮分度圆（线）。
- 细实线可用于：过渡线、尺寸线、尺寸界线、指引线、基准线、剖面线、重合断面轮廓线、短中心线、螺纹牙底线、尺寸线的起止线、表示平面的对角线、零件成形前的弯折线、范围线和分界线、辅助线、投影线、网格线、不连续同一边面的连线等。

● 细双点画线用于：相邻辅助零件轮廓线、可动零件的极限位置轮廓线、重心线、成形前的轮廓线、轨迹线、毛坯图中制成品的轮廓线、特定区域线、延伸公差带表示线、工艺用结构的轮廓线、中断线、剖视图中剖切面前的结构轮廓线。

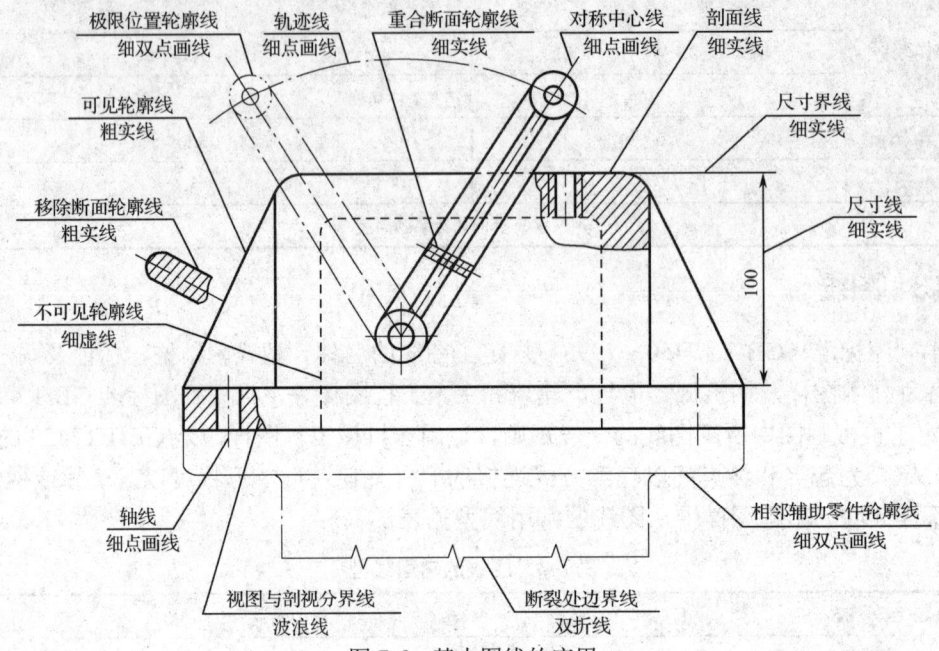

图 7-6 基本图线的应用

三维设计制图中，回转体零件、圆孔、轴等对称结构，一般情况下不应绘制中心线。但其端面可根据需要用圆心符号"×"表示中心位置，或绘制出中心线，回转体零件中心线的绘制示例如图 7-7 所示。

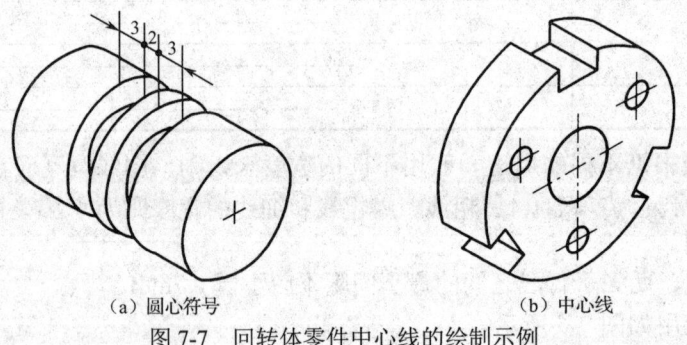

(a) 圆心符号　　　　　　　　(b) 中心线

图 7-7 回转体零件中心线的绘制示例

7.4　画法要求

7.4.1　视图

1) 有关术语和定义

轴测图——将物体连同其参考直角坐标系，沿不平行于任一坐标平面的方向，用平行投影法将其投射在单一投影面上所得到的图形。

正等轴测图——向三个轴向伸缩系数均相等的正轴测投影所得到的图形，此时三个轴间角相等。

主视图（主模型或前上正等轴测图）——在产品三维设计确定设计角度（一般推荐正等轴测图）中，将信息量最多的产品由前向后进行平行投影所得到的设计视图作为主视图（前上正等轴测图）。该主视图通常是产品的工作位置、加工位置或安装位置。主视图（前上正等轴测图）在模型（图）中也可称为主模型（图）。

后视图（后模型或后下正等轴测图）——在产品三维设计视图中，按设计角度确定主视图（主模型或主模型图）以后，将产品由下往上进行平行投影所得到的视图作为后视图（后下正等轴测图）。后视图（后下正等轴测图）在模型（图）中也可称为后模型（图）。

2）基本要求

三维图样一般推荐应采用 GB/T 4458.3 中规定的正等轴测图（可简称为正等测）的方式进行显示与出图。正等轴测图示例如图 7-8 所示。

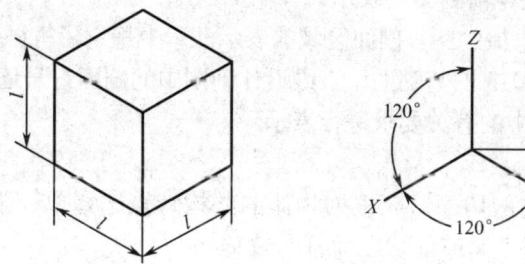

图 7-8　正等轴测图示例

屏幕显示及绘制、打印输出机械产品三维图样时，应当完整、清晰地表示产品形状，力求制图简便，看图方便。

3）视图的选择

在三维设计制图中，表示物体信息量最多的那个视图应作为主视图，主视图通常展示的是物体的工作位置、加工位置或安装位置。在三维设计制图中，主视图不能完整表达物体形状时，可以选用后视图的方法表达三维图样。当需要其他视图（包括剖视图、断面图及局部剖视图）时，选取原则为：在明确表示物体的前提下，使视图（包括剖视图和断面图）的数量最少；尽量避免使用虚线表达物体的轮廓及棱线；避免不必要的细节重复。

4）视图的画法要求

三维设计制图中的基本视图为主视图（见图 7-9）和后视图（见图 7-10）两种，三维设计制图中只配置主视图时，主视图不用标注基本视图的名称；同一张三维设计制图中同时配置这两种基本视图时，均应在上方分别标注其名称。

三维图样一般只画出可见部分，必要时才画出其不可见部分。三维图样在一般情况下不应给出三维坐标轴（X、Y、Z），如果确要表示其方向或位置时，也可绘制。三维设计制图中的对称结构和回转体零件，一般情况下不应绘制出其对称中心线或轴线，必要时才绘制。

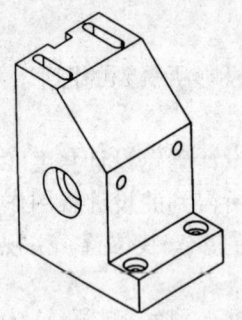 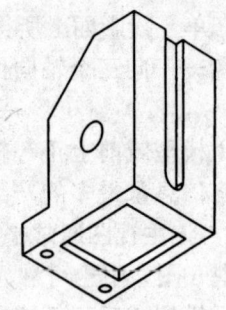

图 7-9 主视图（前上正等轴测图）　　　　　图 7-10 后视图（后下正等轴测图）

7.4.2 剖视图和断面图

1）基本要求

三维设计制图中的剖视图和断面图的基本要求和表示方法与基本视图相同，均应用"前上正等轴测图"或"后下正等轴测图"表示。

GB/T 4457.5—2013《机械制图 剖面区域的表示法》中规定了机械图样中各种剖面符号及其画法。在 GB/T 4457.5—2013 的基础上，三维设计制图中的剖面符号还应按照 GB/T 4458.3—2013《机械制图 轴测图》中的有关要求进行表示。

2）剖切面的种类

对于三维设计制图中的剖切面，应根据物体的结构特点选择单一剖切平面、几个平行的剖切平面、几个相交的剖切平面或剖切曲面剖开物体。

在同一金属零件的三维设计制图中，用单一剖切面剖开同一零件时，剖面线用间隔相等、方向相同的细实线绘制，其角度与主要轮廓或剖面区域的对称线成 45°角，如图 7-11 所示。

三维设计制图中，用一个以上的剖切面剖开同一零件时，每一剖切面的剖面线用间隔相等、方向相同的细实线绘制，其角度应与主要轮廓或剖面区域的对称线成 45°角，相邻剖切面的剖面符号方向应相反，如图 7-12 所示。在三维装配图中，可用将剖面线画成方向相反或不同的间隔的方法来区别相邻的零件，如图 7-13 所示。

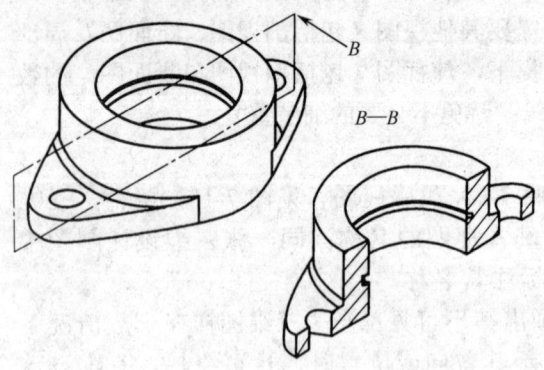 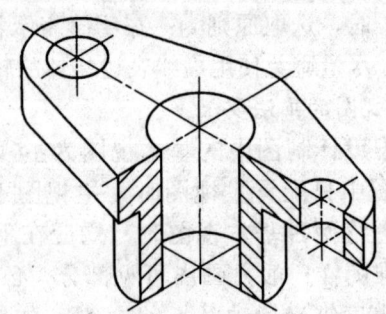

图 7-11 单一剖切面剖开机件时的剖面符号绘制　　图 7-12 一个以上剖切面剖开机件时的剖面符号绘制

3）剖视图

三维设计制图中的剖视图可以分为全剖视图（见图 7-11）、半剖视图（见图 7-12）和局部剖视图（见图 7-14）。

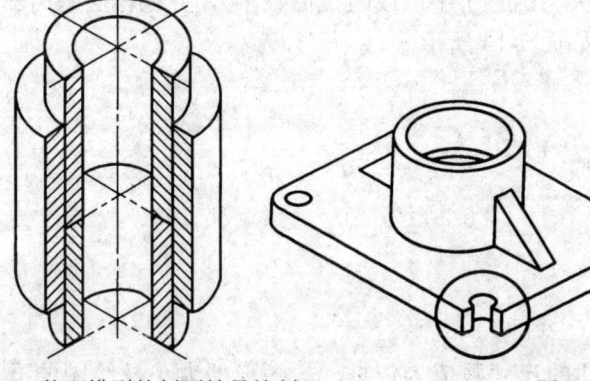
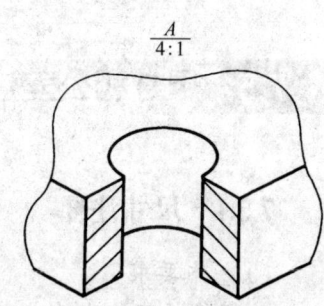

图 7-13 装配模型的剖面符号绘制　　　　图 7-14 局部剖视图

4）断面图

三维设计制图中的断面图可以分为移出断面图和重合断面图。

移出断面图的图形应画在视图之外，轮廓线用粗实线绘制，并配置在剖切线的延长线上，如图 7-15 所示，或其他适当的位置。

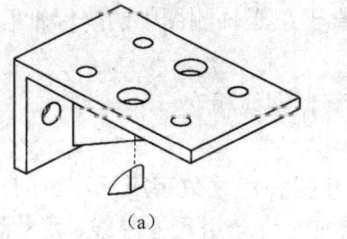
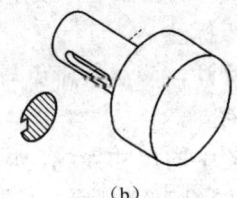
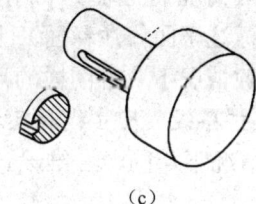

(a)　　　　　　　　　(b)　　　　　　　　　(c)

图 7-15 移出断面图

重合断面图的图形应画在视图之内。断面轮廓线用细实线绘制，如图 7-16 所示。当视图中轮廓线与重合断面图的图形重叠时，视图中的轮廓线仍应连续画出，不可间断。

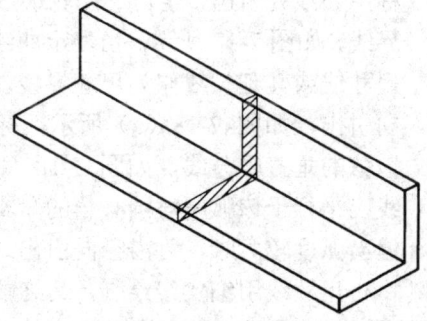

图 7-16 重合断面图

5）剖视图、断面图及局部剖视图的标注

在剖视图、断面图中，一般应标注剖视图或移出断面图的名称"X-X"（X 为大写的拉丁字母或阿拉伯数字），并在相应的视图上用剖切符号表示剖切位置和投射方向，且标注出相同的字母，如图 7-11 所示。

在局部剖视图的标注中，应用范围线画定其要剖切的局部范围，且在范围线附近的适当位置标注出局部视图的名称"X"（X为大写的拉丁字母或阿拉伯数字），并在相应的局部放大图上标注局部视图的名称和放大比例，如图7-14所示。

7.5 尺寸和公差注释

7.5.1 尺寸注释

1）基本要求
- 机件的真实大小应以图样上所注的尺寸数值为依据，与图形的大小及绘图的准确度无关。
- 图样中（包括技术要求和其他说明）的尺寸，以毫米为单位时，不需标注单位符号（或名称）；如采用其他单位，则应注明相应的单位符号。
- 图样中所标注的尺寸，为该图样所示机件的最后完工尺寸，否则应另加说明。机件的每一尺寸一般只标注一次，并应标注在反映该结构最清晰的图形上。
- 一般情况下三维设计制图的尺寸，应在平行或垂直于正等轴测图中的坐标轴（X、Y、Z）的标注平面（注释面）上进行标注。
- 一般情况下三维图样的尺寸标注，应尽量避免与其他图线相交。

2）尺寸界线、尺寸线和尺寸数字
一般情况下，同一三维设计制图中的尺寸界线、尺寸线和尺寸数字应标注在同一标注面上，如图7-17所示。必要时允许一组尺寸界线、尺寸线和尺寸数字与另外一组尺寸界线、尺寸线和尺寸数字相互垂直，也允许尺寸数字的注写与尺寸界线和尺寸线相互垂直。

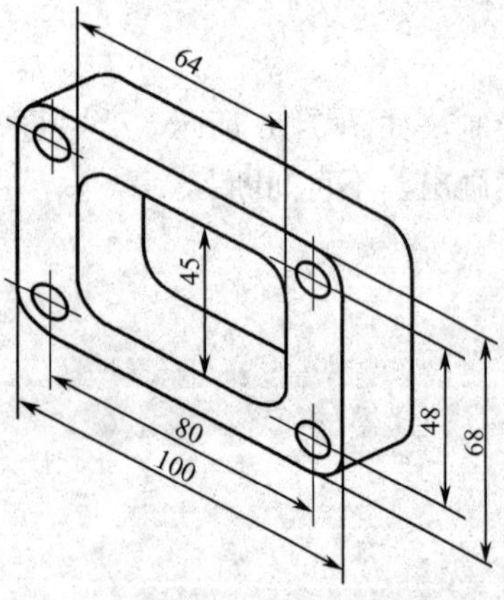

尺寸界线用细实线绘制，并应由图形的轮廓线、轴线或对称中心线处引出，也可利用轮廓线、轴线或对称中心线作尺寸界线，如图7-17所示。当表示曲线轮廓上各点的坐标时，可将尺寸线或其延长线作为尺寸界线。标注角度的尺寸界线应沿径向引出，如图7-18（a）所示；标注弦长的尺寸界线应平行于该弦的垂直平分线，如图7-18（b）所示；标注弧长的尺寸界线应平行于该弧所对圆心角的角平分线，如图7-18（c）所示；但当弧度较大时，可沿径向引出。

图7-17 尺寸界线的画法一

尺寸线用细实线绘制，其终端一般采用箭头或斜线，有时也可以采用圆点，尺寸线终端如图7-19所示。标注线型尺寸时，尺寸线应与所标注的线段平行。尺寸线不能用其他图线代替，一般也不得与其他图线重合或画在其延长线上。圆的直径和圆弧半径的尺寸线的终端应画成箭头。标注角度时，尺寸线应画成圆弧，其圆心是该角的顶点。当对称构件的图形只画出一半或略大于一半时，尺寸线应略超过对称中心线或断裂处的边界，此时仅在尺寸线的一端画出箭头。在没有足够的位置画箭头或注写数字时，允许用圆点或斜线代替箭头。

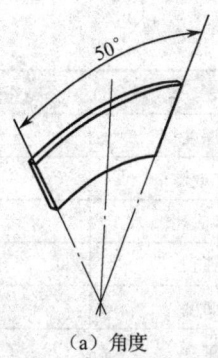 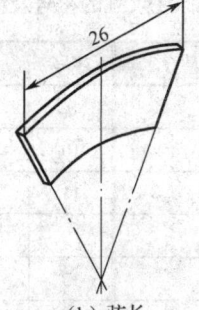

(a) 角度　　　　　(b) 弦长　　　　　(c) 弧长

图 7-18　尺寸界线的画法二

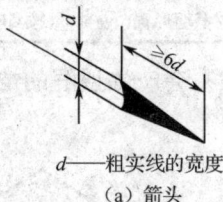 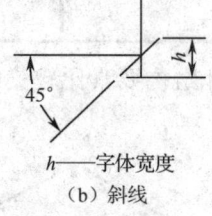 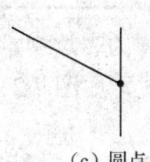

d——粗实线的宽度　　h——字体宽度

(a) 箭头　　　　　(b) 斜线　　　　　(c) 圆点

图 7-19　尺寸线终端

线型尺寸的数字一般应注写在尺寸线的上方，数字应按如图 7-20 所示的方向注写，并尽可能避免在图示 30°范围内标注尺寸；当无法避免时，可按如图 7-21 所示的形式标注。对于非水平方向的尺寸，其数字可水平地注写在尺寸线的中断处，如图 7-22 所示。角度的数字一律写成水平方向，一般注写在尺寸线的中断处。尺寸数字不可被任何图线所通过，否则应将该图线断开。

3）标注尺寸的符号及缩写词

标注尺寸的符号及缩写词应符合表 7-5 的规定。表中符号的线宽为 $h/10$（h 为字体高度）。符号的比例画法应 GB/T 18594—2001 中的有关规定。

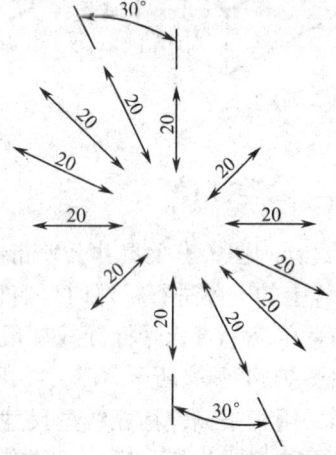

图 7-20　尺寸数字的注写方向

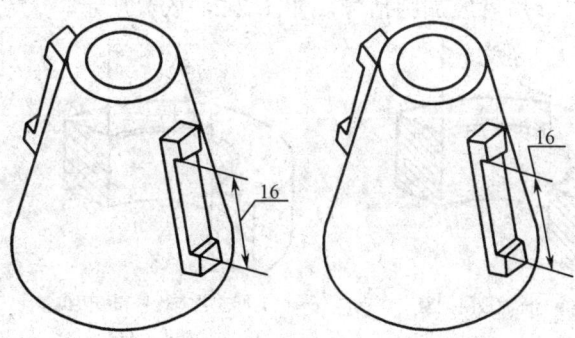 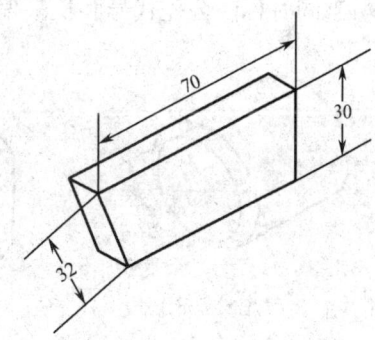

图 7-21　向左倾斜 30°范围内的尺寸数字的注写方式　　　图 7-22　数字注写的位置

表 7-5　标注尺寸的符号及缩写词

序号	含　义	符号或缩写词	序号	含　义	符号或缩写词
1	直径	ϕ	9	深度	↧
2	半径	R	10	沉孔或锪平	⌴
3	球直径	$S\phi$	11	埋头孔	∨
4	球半径	SR	12	弧长	⌒
5	厚度	T	13	斜度	∠
6	均布	EQS	14	锥度	⊲
7	45°倒角	C	15	展开长	↷
8	正方形	□	16	型材截面形状	（按 GB/T 4656—2008）

在三维图样的表达中，当尺寸结构要素比较集中时，在不会产生误解的情况下可以采用集中标注的方式，如图 7-23 所示。

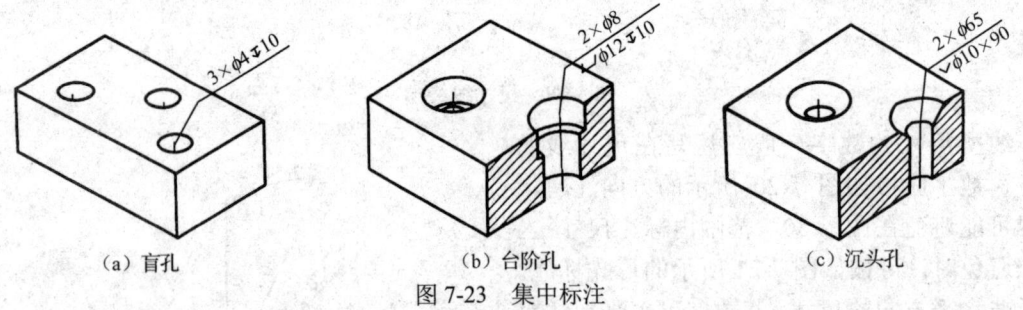

（a）盲孔　　　　　（b）台阶孔　　　　　（c）沉头孔

图 7-23　集中标注

7.5.2　公差注释

三维设计制图中有关尺寸公差带的代号、公差等级代号等应符合第 3 章的相关规定。在对零件图样上的公差进行标注时，有以下几种方式：

- 当采用公差带代号标注线型尺寸的公差时，公差带的代号应标注在基本尺寸的右边，如图 7-24（a）所示。
- 当采用极限偏差标注线型尺寸的公差时，上极限偏差应标注在基本尺寸的右上方；下极限偏差应与基本尺寸标注在同一底线上。上下极限偏差的数字的字号应比基本尺寸的字号小一号，如图 7-24（b）所示。
- 当同时标注公差代号和极限偏差时，后者应加圆括号，如图 7-24（c）所示。

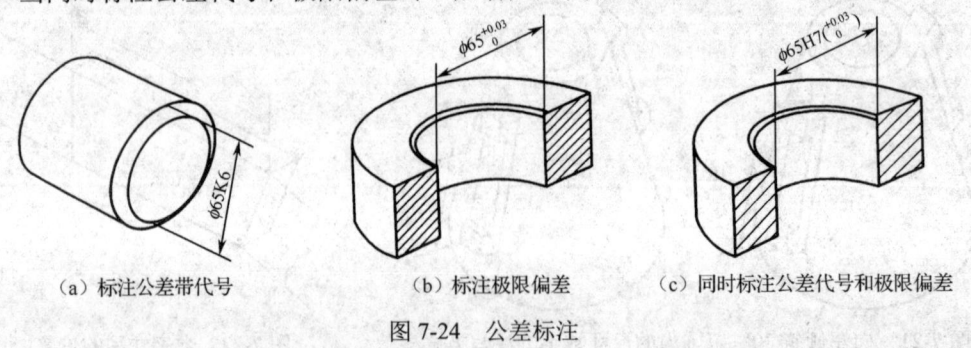

（a）标注公差带代号　　　（b）标注极限偏差　　　（c）同时标注公差代号和极限偏差

图 7-24　公差标注

当标注极限偏差时，上、下极限偏差的小数点必须对齐，小数点后右端的"0"一般不予注出；如果为了使上、下极限偏差值的小数点后的位数相同，可以用"0"补齐。当上极限偏差或下极限偏差为"零"时，用数字"0"标出，并与下极限偏差或上极限偏差的小数点前的个位数对齐。

在装配图样上标注线型尺寸的配合代号时，必须在基本尺寸的右边用分数的形式标注，分子位置标注孔的公差带代号，分母位置标注轴的公差带代号，线性尺寸的配合代号标注法如图7-25所示。必要时，也允许标在尺寸线中间，或利用斜线代替分数线。

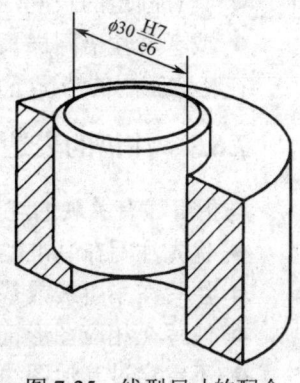

图7-25 线型尺寸的配合代号标注法

7.6 指引线和基准线

7.6.1 指引线的表达

三维设计制图中指引线的线型应绘制成细实线，并与要表达的物体形成一定的角度，而不能与相邻的图线（如剖面线）平行，如图7-26（a）所示。

指引线可以弯折成锐角，两条或几条指引线可以共有一个起点，如图7-26（b）所示。指引线不能穿过其他指引线、基准线，以及图形符号或尺寸数值等。

三维设计制图中指引线的终端有如下几种形式：

● 实心箭头的指引线终端形式

实心箭头的指引线终端形式，应直接指向零件的可见轮廓线、不可见轮廓线、零件轮廓的转角处、中心线或范围线上，如图7-26（a）所示。

● 一个点的指引线终端形式

一个点的指引线终端形式，应直接指向零件一定的区域内或轮廓面上，如图7-26（c）所示。

● 没有任何符号的指引线终端形式

没有任何符号的指引线终端形式，应直接指向零件的尺寸线、交叉线的中心位置等非轮廓线上，如图7-26（d）所示。

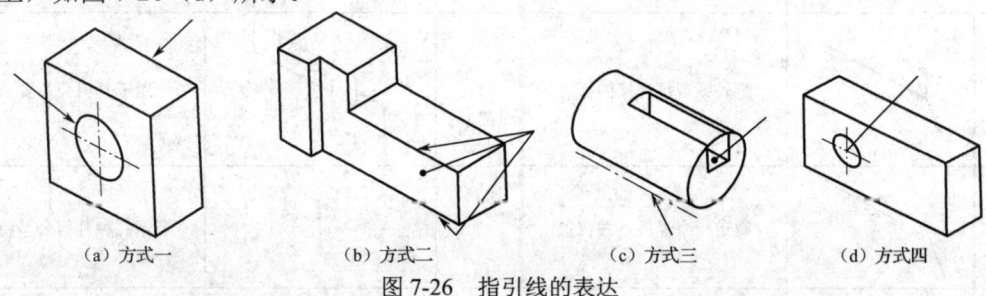

图7-26 指引线的表达

7.6.2 基准线的表达

基准线应绘制成细实线，每条指引线都可以附加一条基准线，基准线应在平行或垂直于正等轴测坐标轴（X、Y、Z）的标注平面上绘制。基准线可以画成：

- 具有固定的长度，应为6mm，见图7-27（a）。
- 或者与注语同样长度，见图7-27（b）。

在特殊应用的情况下，应画出基准线，不适用基准线的情况下，均可省略基准线。

7.6.3 注语的表达

与指引线有关联的注语应以以下方式注写：
- 优先注写在基准线的上方，如图7-27（a）、图7-27（b）所示。
- 注写在指引线或基准线的后面，并以字符的中部与指引线或基准线对齐。
- 注写在相应图形符号的旁边、内部或后面。
- 不宜穿过其他图线，如剖面线、轮廓线、指引线、基准线等。

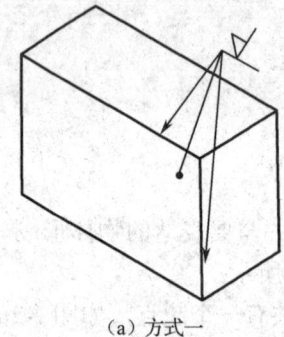
（a）方式一

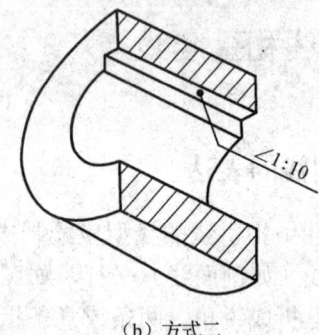
（b）方式二

图7-27 注语的表达

7.6.4 指引线和基准线应用说明

指引线和基准线应用说明见表7-6。

表7-6 指引线和基准线应用说明

序号	图形符号	应用说明	序号	图形符号	应用说明
1		表示焊接的说明，例如，焊缝的数量、焊接过程等	5		参考条目的说明
2		野外或现场焊接的标志	6		用于几何公差要求
3		确定一个焊接点的位置	7		表示几种几何公差特点
4		基准目标	8		表示弧长的尺寸

7.6.5　三维装配图中指引线与基准线的要求与编排方法

装配图中所有的零件、部件均应编号，且一个部件可以只编写一个序号。装配图中零件、部件的序号应与明细栏（表）中的序号一致。

装配图中零件、部件序号的编写方法有以下几种：

- 在水平的基准（细实线）上或圆（细实线）内注写序号，序号字号比该三维装配图中所注尺寸数字的字号大一号或两号，零部件序号的表达如图 7-28 所示。
- 在指引线的非零件端的附近注写序号，序号字高比该装配图中所注写尺寸数字的字号大一号或两号。

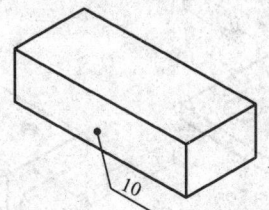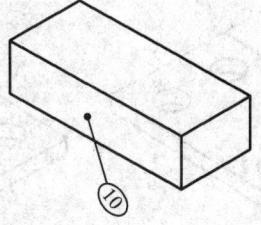

图 7-28　零部件序号的表达

指引线应自所指部分的可见轮廓内引出，并在末端画一圆点，如图 7-29 所示。若所指部分（很薄的零件或涂黑的剖面）内不便画圆点时，可在指引线的末端画出箭头，并指向该部分的轮廓。指引线不能相交。当指引线通过有剖面线的区域时，它不应与剖面线平行。指引线可以画成折线，但只可曲折一次。一组紧固件及装配关系清楚的零件组，可以采用公共指引线。

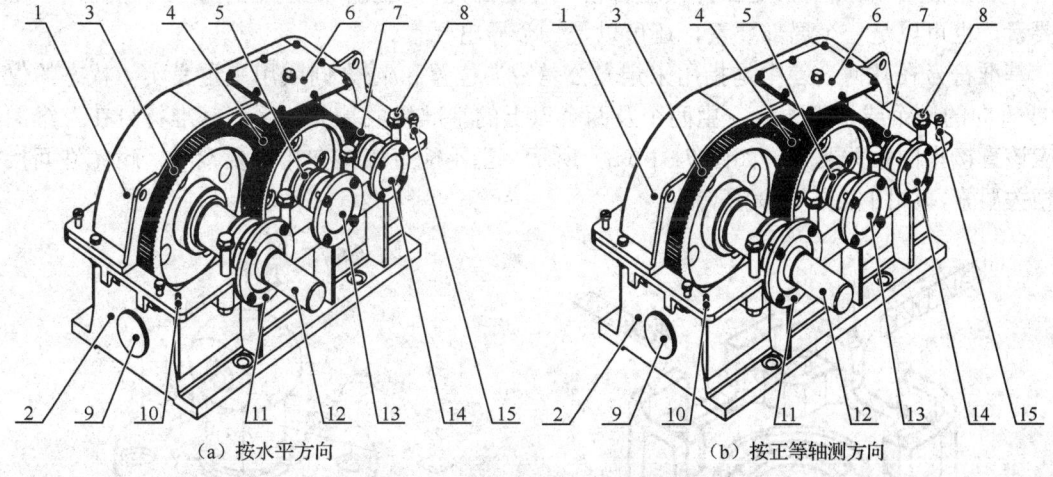

图 7-29　装配图中序号排列方式

装配图中序号应按水平或竖直方向排列整齐，按顺时针或逆时针方向顺次排列，在整个图上无法连续时，可只在每个水平或竖直方向顺次排列。三维装配图中的序号可按水平方向或正等轴测方向整齐排列，如图 7-29 所示。

7.7 设计符号

7.7.1 几何公差的应用

三维图样中的几何特征符号和附加符号的标注平面，应平行或垂直于三维主模型坐标轴（X、Y、Z）所形成的平面（XY、YZ、XZ），如图7-30所示。

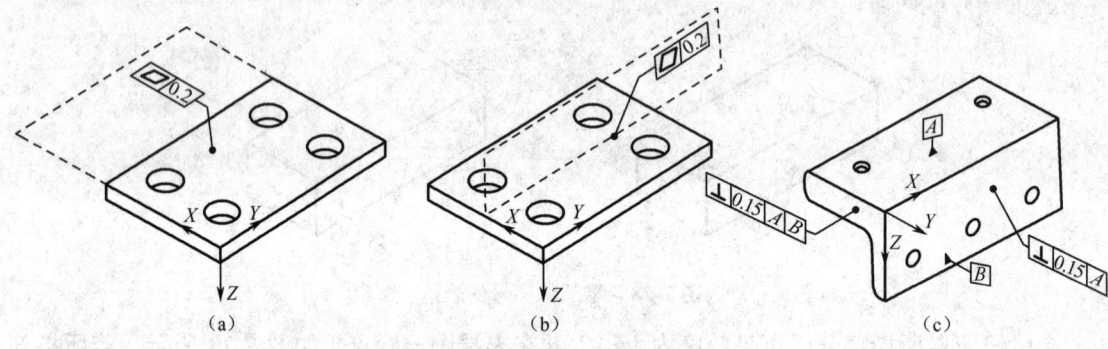

图7-30 几何公差的坐标表示

几何公差中的几何特征符号、参数、框格等信息在三维图样上的表示，应明显、清晰、方便理解和识读。文字注释是协助几何公差符号对表示对象的进一步补充说明。指引线是连接被测要素和公差框格的连线，其终端形式可以是一个箭头（一般指轮廓），也可以是一个圆点（一般指面）。被测要素是工件误差合格性评定的几何要素，是检测的对象，可以是一个平面要素，也可以是一个局部要素，还可以是一个导出要素。

基准符号在几何公差中是指用来定义公差带的位置和/或方向或用来定义实体状态的位置和/或方向的一个或一组要素，由两个及两个以上的基准构成基准体系。基准符号在三维图样中应该直接指向相关要素，如图7-31（a）所示。当不能直接指向相关要素时，也允许间接指向相关要素，如图7-31（b）所示。

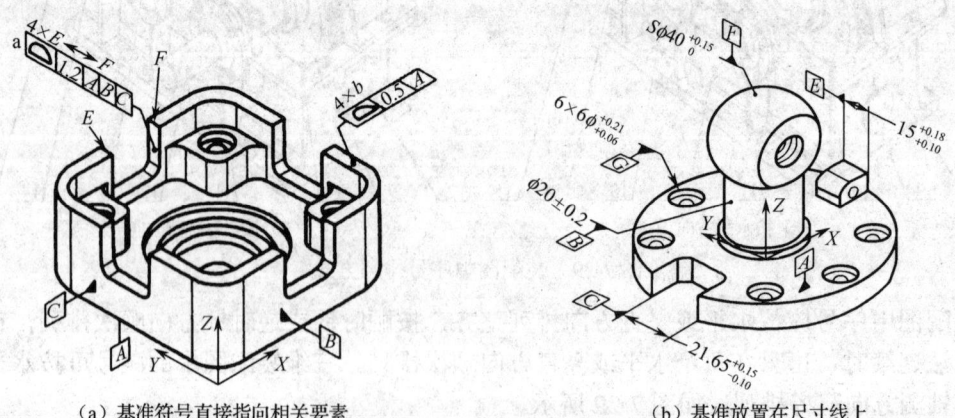

(a) 基准符号直接指向相关要素　　(b) 基准放置在尺寸线上

图7-31 基准的表示

7.7.2 表面结构的表示

三维图样中的表面结构特征相关信息的标注平面,应平行或垂直于三维主模型坐标轴(X、Y、Z)所形成的平面(XY、YZ、XZ)。表面结构特征中的表面结构的图形符号、表面结构参数、加工方法符号、表面纹理符号、加工余量等信息在三维图样上的表示位置,应该明显、清晰、方便理解和识读,表面结构特征的相关信息的表示如图 7-32 所示。

表面结构特征的文字注释是协助几何公差符号对表示对象的进一步补充说明。指引线是连接被加工表面的连线,图形符号的文字注释和指引线结合使用,表面结构特征的标注如图 7-33 所示。

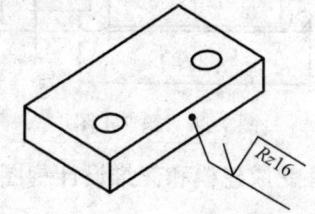

图 7-32 表面结构特征的相关信息的表示

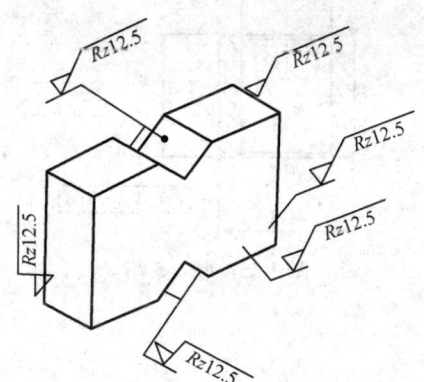

图 7-33 表面结构特征的标注

习题

7-1 请在作业本上按标准尺寸绘出标题栏,并自行填写内容,注意线条的粗细、仿宋字、尺寸等内容。

7-2 请画出机械制图中常用的线型,并说明应用的场合。

7-3 请按国标规定写出以下术语的定义:
工程图模板、种子部件、标注面、属性。

7-4 请读下图,并用三维软件完成建模和三维设计制图。

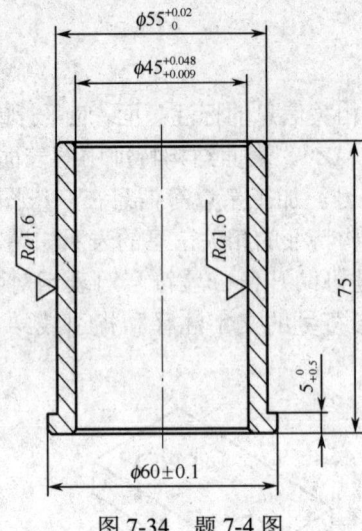

图 7-34 题 7-4 图

7-5 请读下图,并用三维软件完成建模和三维设计制图。

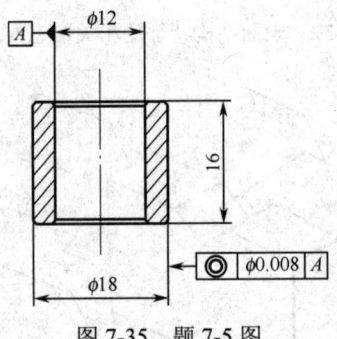

图 7-35 题 7-5 图

第8章 结构特征和标准件

螺纹是一种典型的标准化结构特征，与其对应的各类螺纹连接件、单键、花键、滚动轴承和齿轮等都是机械产品中常用的结合件和传动件，大多已经标准化。通过本章的学习，读者可以了解螺纹标准的内容；熟悉各类标准件的特点和标记方法；了解各类标准编号，自行拓展学习其使用方法。

本章内容涉及的相关标准较多，在文中有所提及，此处不再一一列出。

8.1 螺纹

1）螺纹的形成

螺纹是根据螺旋线的形成原理加工而成的，当固定在车床卡盘上的工件做等速旋转时，刀具沿机件轴向做等速直线移动，其合成运动使切入工件的刀尖在机件表面加工成螺纹，由于刀尖的形状不同，加工出的螺纹形状也不同。在圆柱或圆锥外表面上加工的螺纹称为外螺纹，在圆柱或圆锥内表面加工的螺纹称为内螺纹。在箱体、底座等零件上制出的内螺纹，一般先用钻头钻孔，再用丝锥攻出螺纹。加工不穿通螺孔时，钻头顶部形成一个锥坑。

2）螺纹的五要素

a）牙型：沿螺纹轴线剖切的断面轮廓形状称为牙型。

b）直径：螺纹直径有大径（d、D）、中径（d_2、D_2）和小径（d_1、D_1）之分。其中外螺纹 d 大径和内螺纹小径 D_1 也称顶径。螺纹的公称直径一般为大径。

c）线数（n）：螺纹有单线和多线之分，沿一条螺旋线所形成的螺纹称单线螺纹；沿两条螺旋线所形成的螺纹称多线螺纹。

d）螺距（P）与导程（Ph）：螺距是指相邻两牙在中径线上对应两点间的轴向距离。导程是指在同一条螺旋线上，相邻两牙在中径线上对应两点的轴向距离。螺距、导程、线数三者之间的关系式：单线螺纹的导程等于螺距，即 Ph=P；多线螺纹的导程等于线数乘以螺距，即 Ph=nP。

e）旋向：螺纹有右旋与左旋两种。顺时针旋转时旋入的螺纹，称右旋螺纹；逆时针旋转时旋入的螺纹，称左旋螺纹。旋向也可按以下方法判断：将外螺纹垂直放置，螺纹的可见部分是右高左低时为右旋螺纹，左高右低时为左旋螺纹。

只有以上五个要素都相同的内外螺纹才能旋合在一起。工程上常用右旋螺纹。五个要素中的牙型、大径和螺距符合国家标准的称为标准螺纹；牙型不符合国家标准的称为非标准螺纹。

3）螺纹的分类

现代工业产品所使用的螺纹种类很多，按用途可分为：紧固螺纹、传动螺纹、紧密螺纹及特殊用途的螺纹；按形成螺纹所在表面的形状可分为：圆柱螺纹和圆锥螺纹；按螺纹形状可分为：三角形、梯形矩形、锯齿形、圆弧形和双圆弧形；此外，还有左旋和右旋、单线和多线、粗牙与细牙、公制和英制之分。螺纹的规格繁杂，有小到1mm以下的钟表螺丝，也有建筑上使用的大到lm以上的撑柱螺杆。

4）普通螺纹

普通螺纹是一种常用的螺纹，用于连接或紧固零件，分粗牙与细牙两种，一般连接多用粗牙。在相同的大径下，细牙螺纹的螺距较粗牙小，切深较浅，多用于薄壁或紧密连接的零件。GB/T 197—2018《普通螺纹 公差》中规定了普通螺纹的标记，完整螺纹标记由螺纹特征代号、尺寸代号、公差带代号及其他必要进一步说明的个别信息组成。标记内有必要说明的其他信息包括螺纹的旋合长度代号和旋向代号。

    螺纹特征代号 尺寸代号 公差带代号 旋合长度代号 旋向代号
      M   6×0.75   5h6h   S   LH

a）螺纹特征代号：M表示普通螺纹。

b）单线螺纹的尺寸代号为"公称直径×螺距"，多线螺纹的尺寸代号为"公称直径×Ph导程P螺距"，公称直径、导程和螺距数值单位为毫米。对粗牙螺纹，可以省略标注其螺距。

c）公差带代号：包含中径公差带代号和顶径公差带代号。中径公差带代号在前，顶径公差带代号在后。各直径的公差带代号由表示等级的数值和表示公差带位置的字母（内螺纹用大写字母；外螺纹用小写字母）组成。如果中径公差带代号与顶径（内螺纹小径或外螺纹大径）公差带代号相同，只标注一个公差带代号。螺纹尺寸代号与公差带间用"-"分开。表示螺纹配合时，内螺纹公差带代号在前，外螺纹公差带代号在后，中间用斜线"/"分开。

d）旋合长度代号：旋合长度代号有短（S）、中（N）、长（L）三种，一般多采用中等旋合长度，其代号"N"可省略不注，如采用短旋合长度或长旋合长度，则应标注"S"或"L"。

e）旋向：对左旋螺纹，应在螺纹标记的最后标注代号"LH"，与前面用"-"分开。

M6×0.75-5h6h-S-LH表示的含义为：

公称直径为6mm、螺距为0.75mm的单线细牙螺纹，其中径公差带为5h，顶径公差带为6h，短旋合长度，左旋。

5）梯形螺纹

依据GB/T 5796.4—2005《梯形螺纹 第4部分：公差》所规定的完整的梯形螺纹标记，应包括梯形螺纹特征代号、尺寸代号、公差带代号和旋合长度代号，与普通螺纹的标记相类似，细节略有不同。

GB/T 5796.2—2005《梯形螺纹 第2部分：直径与螺距系列》中规定了梯形螺纹特征代号为"Tr"，尺寸代号由公称直径和导程的毫米值、螺距代号"P"和螺距毫米值组成。公称直径与导程直径用"×"分开；螺距代号"P"和螺距值用圆括号括上。对于单线梯形螺纹，其标记应省略圆括号部分。对于标准左旋梯形螺纹，其标记内应添加左旋代号"LH"，右旋梯形螺纹不标注其旋向代号。梯形螺纹的公差带代号仅包含中径公差带代号。螺纹尺寸代号和公差带代号间用"-"分开。表示螺纹配合时，内螺纹公差带代号在前，外螺纹公差带代号在后，中间用斜线"/"分开。梯形螺纹的旋合长度代号有中（N）和长（L）两种，采用中等旋合长度时，不标注代号 N，如采用长旋合长度，则应标注代号 L。

示例 1：Tr40×7

表示公称直径为 40mm、导程和螺距为 7mm 的右旋单线梯形螺纹。

示例 2：Tr40×14(P7)LH-7e-L

表示公称直径为 40mm、导程为 14mm、螺距为 7mm 的左旋双线梯形螺纹，外螺纹，中径公差带为 7e，长旋合长度。

6）锯齿形螺纹

依据 GB/T 13576.4—2008《锯齿形（3°、30°）螺纹 第 4 部分：公差》中的规定，完整的锯齿形螺纹标记应包括锯齿形螺纹特征代号、尺寸代号、公差带代号和旋合长度代号。锯齿形螺纹特征代号为"B"，其他代号的含义和梯形螺纹相同。

示例 1：B40×7-7H

表示公称直径为 40mm、导程和螺距为 7mm 的右旋单线锯齿形螺纹，中径公差带为 7H 的内螺纹，中等旋合长度。

7）管螺纹

常用的管螺纹分为 55°密封管螺纹和 55°非密封管螺纹。管螺纹的标记主要由螺纹代号和螺纹尺寸代号组成。需要特别注意的是，管螺纹的尺寸不能像一般线性尺寸那样注在大径尺寸线上，而应用指引线自大径圆柱（或圆锥）母线上引出标注。

55°密封管螺纹的特征代号为：

Rp——表示圆柱内螺纹；

R_1——表示与圆柱内螺纹相配合的圆锥外螺纹；

Rc——表示圆锥内螺纹；

R_2——表示与圆锥内螺纹配合的圆锥外螺纹。

55°非密封管螺纹的特征代号为：G。对于外螺纹，分 A、B 两级标记公称等级代号，对于内螺纹，不标记公差等级代号。

管螺纹的尺寸代号并不是指螺纹大径，GB/T 7306.2—2000《55°密封管螺纹》和 GB/T 7307—2001《55°非密封管螺纹》中规定了尺寸代号和大径、小径等参数的对应关系。

示例 1：Rc 3/4 LH

表示尺寸代号为 3/4 的左旋圆锥内螺纹。

示例 2：G 3 A

表示尺寸代号为 3 的 A 级右旋螺柱外螺纹。

8.2 螺栓

螺纹连接是一种广泛使用的可拆卸固定连接，具有结构简单、连接可靠、装拆方便等优点。具有螺纹特征的螺纹紧固件已成为标准化程度最高的零部件之一。常见的螺栓、螺母、垫圈、螺钉等都属于螺纹紧固件。GB/T 1237—2000 规定了紧固件的标记方法，除包含上述螺纹连接件外，还规定了销、铆钉、挡圈等的标记方法。国标规定了紧固件产品的完整标记和简化原则。

螺栓是指一种配用螺母的圆柱形带螺纹的紧固件。由头部和螺杆（带有外螺纹的圆柱体）两部分组成的一类紧固件，需与螺母配合，用于紧固连接两个带有通孔的零件。这种连接形式称螺栓连接。如把螺母从螺栓上旋下，又可以使这两个零件分开，故螺栓连接属于可拆卸连接。

常用的螺栓是头部形状为六棱柱的六角头螺栓。根据螺纹的作用和用途，六角头螺栓有"全螺纹""部分螺纹""粗牙""细牙"等多种规格。螺栓的规格尺寸指螺纹的大径 d 和公称长度 l。螺栓连接一般适用于连接不太厚的并允许钻成通孔的零件。连接前，先在两个被连接的零件上钻出通孔，套上垫圈，再用螺母拧紧。部分类型的螺栓及其用途见表8-1。

表8-1 部分类型的螺栓及其用途

名称	主要用途
六角头螺栓 C 级	六角头螺栓应用普遍，产品等级分为 A、B 和 C 级。A 级最精确，用于重要的、装配精度高的地方，以及受较大冲击、振动或变载荷的地方
六角头螺栓全螺纹 C 级	
六角头螺栓	
六角头螺栓全螺纹	
方头螺栓 C 级	方头螺栓尺寸较大，便于扳手口卡住，也可用于 T 形槽中
沉头方颈螺栓	多用于零件表面要求平坦、光滑的地方（方颈起止转作用）
T 型槽用螺栓	多用于螺栓只能从被连接件一端进行连接的地方，插入后转动90°
地脚螺栓	用于在水泥基础中固定机架

示例1：螺纹规格 d=12mm、公称长度 l=80mm、性能等级为10.9级、表面氧化、产品等级为 A 级的六角头螺栓的标记如下。

螺栓 GB/T 5782—2016-M12×80-10.9-A-O　（完整标记）

示例2：螺纹规格 d=12mm、公称长度 l=80mm、性能等级为 8.8 级、表面氧化、产品等级为 A 级的六角头螺栓的标记如下。

螺栓 GB/T 5782 M12×80　（简化标记）

8.3　螺母

螺母与螺栓等外螺纹零件配合使用，起连接作用，其中以六角螺母应用为最广泛。六角螺母根据高度不同，可分为薄型、1型、2型。根据螺距不同，可分为粗牙、细牙。根据产品等级，可分为 A、B、C 级。螺母的规格尺寸为螺纹大径 D。部分类型的螺母及其用途见表8-2。

示例1：螺纹规格 D=12mm、性能等级为10级、表面氧化、产品等级为 A 级的 1 型六角螺母的标记如下。

螺母 GB/T 6170—2015-M12-10-A-O　（完整标记）

示例2：螺纹规格 D=12mm、性能等级为 8 级、不经表面处理、产品等级为 A 级的 1 型六角螺母的标记如下。

螺母 GB/T 6170 M12　（简化标记）

表 8-2 部分类型的螺母及其用途

名　　称	主　要　用　途
六角螺母 C 级	六角螺母：应用普遍； 薄螺母：起锁紧作用； 厚螺母：用于常拆卸的连接； 开槽螺母：用于振动、变载荷等松动的地方，配以开口销防松； 圆螺母：多为细牙，常用于直径较大的连接，用钩头扳手装拆，一般配用止动垫圈； 蝶形螺母：一般不用工具即可装拆，通常用于需经常拆开和受力不大的场合
1 型六角螺母	
六角标准螺母（1 型）细牙	
2 型六角螺母	
2 型六角螺母 细牙	
六角薄螺母	
1 型六角开槽螺母 A 和 B 级	
六角厚螺母	
六角开槽薄螺母 A 和 B 级	
圆螺母	
蝶形螺母 圆翼	

8.4　垫圈

垫圈有平垫圈和弹簧垫圈之分。平垫圈一般放在螺母与被连接零件之间，用于保护被连接零件的表面，以免拧紧螺母时刮伤零件表面；同时又可增加螺母与被连接零件之间的接触面积。弹簧垫圈可以防止因振动而引起螺纹松动的现象发生。部分类型的垫圈及其用途见表 8-3。

表 8-3　部分类型的垫圈及其用途

名　　称	主　要　用　途
平垫圈 A 级	—
平垫圈 C 级	一般用于金属零件，以增加支承面，遮盖较大的孔眼，以及防止损伤零件表面
小垫圈 A 级	
标准弹簧垫圈	广泛用于经常拆开的连接处
单耳止动垫圈	允许螺母拧紧在任意位置加以锁定
双耳止动垫圈	—
圆螺母用止动垫圈	与圆螺母配合使用，主要用于滚动轴承的固定
孔用弹性挡圈	卡在轴槽或孔槽中，防止装在滚动轴上的轴承有轴向移动
轴用弹性挡圈	

平垫圈有 A 级和 C 级两个标准系列，在 A 级标准系列平垫圈中，又分为带倒角和不带倒角两种类型。垫圈的公称尺寸是用与其配合使用的螺纹紧固件的螺纹规格来表示。

示例 1：标准系列、规格 8mm、性能等级为 300HV、表面氧化、产品等级为 A 级的平垫圈的标记如下。

垫圈 GB/T 97.1—2002-8-300 HV-A-O   （完整标记）

示例2：标准系列、规格8mm、性能等级为140HV、不经表面处理、产品等级为A级的平垫圈的标记如下。

垫圈 GB/T 97.1 8   （简化标记）

8.5 双头螺柱

双头螺柱，它的两端都有螺纹。其中，用来旋入被连接零件的一端被称为旋入端；用来旋紧螺母的一端被称为紧固端。根据双头螺柱的结构分为A型和B型两种。

根据螺孔零件的材料不同，其旋入端的长度有四种规格，每一种规格对应一个标准号。双头螺柱的规格尺寸为螺纹大径d和公称长度l。

螺柱标记的示例如下。

两端均为粗牙普通螺纹，d=10mm，l=40mm，性能等级为4.8级，不经表面处理，B型（B型可省略不标），bm=1.5d的螺柱标记如下。

螺柱　GB/T899—1988　M10×40

当因被连接的零件较厚，或不允许钻成通孔而不宜采用螺栓连接时，或因拆装频繁，又不宜采用螺钉连接时，可采用双头螺柱连接。通常将较薄的零件制成通孔（孔径≈1.1d），较厚零件制成盲孔，双头螺柱的两端都制有螺纹，装配时，先将螺纹较短的一端（旋入端）旋入较厚零件的螺孔，再将通孔零件穿过螺纹的另一端（紧固端），套上垫圈，用螺母拧紧，将两个零件连接起来。

8.6 螺钉

常见的螺钉有连接螺钉和紧定螺钉两种。

连接螺钉用来连接两个零件。它的一端为螺纹，用来旋入被连接零件的螺孔；另一端为头部，用来压紧被连接零件。螺钉按其头部形状可分为：开槽圆柱头螺钉、十字槽圆柱头螺钉、开槽盘头螺钉、十字槽沉头螺钉、内六角圆柱头螺钉等。连接螺钉的规格尺寸为螺钉的直径d和螺钉的公称长度l。

紧定螺钉用来防止或限制两个相配合零件间的相对转动。头部有开槽和内六角两种形式，端部有锥端、平端、圆柱端、凹端等。紧定螺钉的规格尺寸为螺钉的直径d和螺钉的公称长度l。

部分类型的螺钉及其用途见表8-4。

示例1：螺纹规格d=6mm、公称长度l=6mm、长度z=4mm、性能等级为33H级、表面氧化的开槽盘头定位螺钉的标记：

螺钉　GB/T 828—1988-M6×6×4-33H-O   （完整标记）

示例2：螺纹规格d=6mm、公称长度l=6mm、长度z=4mm、性能等级为14H级，不经表面处理的开槽盘头定位螺钉的标记：

螺钉 GB/T 828　M6×6×4　　　（简化标记）

示例 3：螺纹规格 ST3.5、公称长度 l=16 mm、Z 型槽、表面氧化的 F 型十字槽盘头自攻螺钉的标记：

自攻螺钉 GB/T 845—2017-ST3.5×16-F-Z-O　　（完整标记）

示例 4：螺纹规格 ST3.5、公称长度 l=16mm、H 型槽、镀锌钝化的 C 型十字槽盘头自攻螺钉的标记：

自攻螺钉 GB/T 845 ST3.5×16　　（简化标记）

表 8-4　部分类型的螺钉及其用途

类别	名　　称	主　要　用　途
连接螺钉	十字槽盘头螺钉	开槽螺钉：多用于较小零件连接； 十字槽螺钉：易实现自动化装配，生产效率高； 内六角螺钉：连接强度高，用于结构紧凑、外形平和的连接处
	开槽圆柱头螺钉	
	开槽沉头螺钉	
	开槽盘头定位螺钉	
	内六角圆柱头螺钉	
紧定螺钉	开槽锥端紧定螺钉	锥端螺钉：一般用于不常拆卸处，或顶紧硬度小的零件； 平端螺钉：用于顶紧硬度大的零件，顶紧面应是平面； 圆柱端螺钉：用于经常调节位置或固定装在管轴上的零件
	内六角平端紧定螺钉	
	方头长圆柱端紧定螺钉	
自攻螺钉	十字槽盘头自攻螺钉	用于薄的金属板（钢板、锯板等）之间的连接；连接时，先在被连接件上制出螺纹底孔，再将自攻螺钉拧入被连接件的螺纹底孔中

8.7　键和花键连接

键和花键连接为常用的可拆连接。轴和轴上的零件（如齿轮、带轮等）采用键或花键连接后，就能可靠地传递转矩。另外，根据需要，键或花键连接的零件之间也可以有轴向的相对位移。

键连接具有结构简单、紧凑、装卸方便等优点。键的种类有平键、半圆键、切向键和楔键等，其中平键应用最广。部分类型的键及其用途见表 8-5。

表 8-5　部分类型的键及其用途

类　　型		主　要　用　途
平键	普通平键	应用最广，适用于高精度、高速或承受变载、冲击等场合，如在轴上固定齿轮、链轮和凸轮等回转零件；薄型平键适用于薄壁结构
	导向平键	用于轴上零件轴向移动量不大的场合，如变速箱中的滑移齿轮
半圆键		一般用于轻载，适用于轴的锥形端部
楔键	普通楔键	用于精度要求不高、转速较低时传递较大的、双向或有振动的转矩。如在外部轴端上固定带轮、电机轴上固定带轮等一些结构简单紧凑的地方。有钩头的用于不能从另一端将键打出的场合。钩头供拆卸用，应注意加保护罩
	钩头楔键	

示例1：宽度 $b=16$mm、高度 $h=10$mm、长度 $l=100$mm 的普通 A 型平键的标记如下。

GB/T 1096 键 16×10×100 　　（A 型可不标出 A）

示例2：宽度 $b=16$mm、高度 $h=10$mm、长度 $l=100$mm 的普通 B 型平键的标记如下。

GB/T 1096 键 B 16×10×100

花键按键齿形状可分为矩形花键、渐开线花键和三角形花键。与键连接相比，花键连接具有以下优点：连接强度高，承载能力强；定心精度高，导向性能好。因此，花键连接在机械制造业中被广泛应用。渐开线花键能够自动定心，承载能力较大；三角形花键主要用于薄壁零件的连接；矩形花键适用于中等负荷场合，应用最广泛。

矩形花键加工方便，能用磨削方法获得较高的精度。标准中规定了两个系列：轻系列和中系列。矩形花键应用广泛，如飞机、汽车、拖拉机、机床制造业、农业机械及一般机械传动装置等。矩形花键的优点为：定心精度高，定心的稳定性好，能用磨削的方法消除热处理变形，定心直径尺寸公差和位置公差都能获得较高的精度。

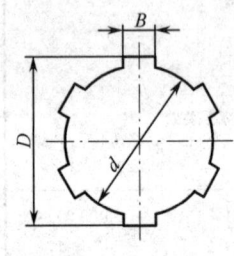

图 8-1　矩形花键

按 GB/T 1144—2001 规定，矩形花键的内花键和外花键的基本尺寸如图 8-1 所示。

矩形花键的标记代号包括下列内容：键数 N，小径 d，大径 D，键宽 B、基本尺寸、配合公差带代号和标准号。标记示例，花键 $N=6$；$d=23\dfrac{H7}{f7}$；$D=26\dfrac{H10}{a11}$；$B=6\dfrac{H11}{d10}$ 的标记如下。

花键规格：$N \times d \times D \times B$

　　　　　$6 \times 23 \times 26 \times 6$

花键副：　$6 \times 23 \dfrac{H7}{f7} \times 26 \dfrac{H10}{a11} \times 6 \dfrac{H11}{d10}$ 　　　GB/T 1144—2001

内花键：　$6 \times 23H7 \times 26H10 \times 6H11$ 　　　GB/T 1144—2001

外花键：　$6 \times 23f7 \times 26a11 \times 6d10$ 　　　GB/T 1144—2001

8.8　销连接

销通常用于零件之间的连接、定位和防松，常见的有圆柱销、圆锥销和开口销等，它们都是标准件。圆柱销和圆锥销可以连接零件，也可以起定位作用（限定两零件间的相对位置）。开口销常用在螺纹连接的装置中，以防止螺母的松动。在销连接中，两零件上的孔是在零件装配时一起配钻的。部分类型的销及其用途见表 8-6。

示例1：公称直径 $d=6$mm、公差为 m6、公称长度 $l=30$mm、材料为 C1 组马氏体不锈钢、表面简单处理的圆柱销的标记如下。

销 GB/T 119.2—2000-6 m6×30-C1-简单处理 　　（完整标记）

示例2：公称直径 $d=6$mm、公差为 m6、公称长度 $l=30$mm、材料为钢、普通淬火（A 型）、表面氧化的圆柱销的标记如下。

销 GB/T 119.2 6×30 　　（简化标记）

表 8-6　部分类型的销及其用途

类　　型		主　要　用　途
圆柱销	圆柱销	主要用于定位，也可用于连接
	内螺纹圆柱销	B 型用于盲孔
	弹簧圆柱销	用于有冲击、振动的场合
圆锥销	圆锥销	主要用于定位，也可用以固定零件，传递动力，多用于经常装卸的场合
	内螺纹圆锥销	用于盲孔
	开尾圆锥销	用于有冲击、振动的场合
开口销		用于锁定其他紧固件

8.9　滚动轴承

滚动轴承是用来支承轴的组件，由于它具有摩擦阻力小、结构紧凑等优点，在机械中被广泛应用。滚动轴承的结构形式、尺寸均已标准化，由专门的工厂生产，使用时可根据设计要求进行选择。

滚动轴承一般由外圈、内圈、滚动体和保持架组成。按承受载荷的方向，滚动轴承可分为三类：主要承受径向载荷，如深沟球轴承；主要承受轴向载荷，如推力球轴承；同时承受径向载荷和轴向载荷，如圆锥滚子轴承。部分滚动轴承标准见表 8-7。

滚动轴承的基本代号由轴承类型代号、尺寸系列代号、内径代号构成。

a）轴承类型代号：用数字或字母表示。

b）尺寸系列代号：由轴承宽（高）度系列代号和直径系列代号组合而成，一般用两位数字表示（有时省略其中一位）。它的主要作用是区别内径（d）相同而宽度和外径不同的轴承，具体代号需查阅相关标准。

c）内径代号：表示轴承的公称内径，一般用两位数字表示。

- 代号数字为 00、01、02、03 时，分别表示内径 d=10mm、12mm、15mm、17mm。
- 代号数字为 04～96 时，代号数字乘以 5，即得轴承内径。
- 轴承内径为 1～9mm、22mm、28mm、32mm、500mm 或大于 500mm 时，用内径毫米数值直接表示，但与尺寸系列代号之间用"/"隔开，如"深沟球轴承 62/22，d=22mm"。

示例 1：6209 中的 09 为内径代号，d=45mm；2 为尺寸系列代号（02），其中宽度系列代号 0 省略，直径系列代号为 2；6 为轴承类型代号，表示深沟球轴承。

示例 2：62/22 中的 22 为内径代号，d=22mm（用内径毫米数值直接表示）；2 和 6 与例 1 的含义相同。

示例 3：30314 中的 14 为内径代号，d=70mm；03 为尺寸系列代号（03），其中宽度系列代号为 0，直径系列代号为 3；3 为轴承类型代号，表示圆锥滚子轴承。

轴承与轴的配合采用基孔制，轴承与外壳的配合采用基轴制。

表 8-7 部分滚动轴承标准

序 号	标 准 号	标 准 名 称
1	GB/T 271—2017	滚动轴承 分类
2	GB/T 272—2017	滚动轴承 代号方法
3	GB/T 273.1—2011	滚动轴承 外形尺寸总方案 第1部分：圆锥滚子轴承
4	GB/T 273.2—2018	滚动轴承 外形尺寸总方案 第2部分：推力轴承
5	GB/T 273.3—2015	滚动轴承 外形尺寸总方案 第3部分：向心轴承
6	GB/T 276—2013	滚动轴承 深沟球轴承 外形尺寸
7	GB/T 281—2013	滚动轴承 调心球轴承 外形尺寸
8	GB/T 283—2007	滚动轴承 圆柱滚子轴承 外形尺寸
9	GB/T 285—2013	滚动轴承 双列圆柱滚子轴承 外形尺寸
10	GB/T 288—2013	滚动轴承 调心滚子轴承 外形尺寸
11	GB/T 290—2017	滚动轴承 无内圈冲压外圈滚针轴承 外形尺寸
12	GB/T 292—2007	滚动轴承 角接触球轴承 外形尺寸
13	GB/T 296—2015	滚动轴承 双列角接触球轴承 外形尺寸
14	GB/T 297—2015	滚动轴承 圆锥滚子轴承 外形尺寸
15	GB/T 299—2008	滚动轴承 双列圆锥滚子轴承 外形尺寸
16	GB/T 301—2015	滚动轴承 推力球轴承 外形尺寸

8.10 弹簧

弹簧是在机械中被广泛地用于减振、夹紧、储存能量和测力的零件。在电器中，弹簧常用来保证导电零件的良好接触或脱离接触。弹簧的种类很多，有圆柱螺旋弹簧、蝶形弹簧、平面蜗卷弹簧、钢板弹簧和空气弹簧等。部分类型的弹簧及其用途见表 8-8。

表 8-8 部分类型的弹簧及其用途

类 型		性能与应用
圆柱螺旋弹簧	圆形截面圆柱螺旋压缩弹簧	特性线呈线性，刚度稳定，结构简单，制造方便，应用较广，在机械设备中多用作缓冲、减震，以及储能和控制运动等
	矩形截面圆柱螺旋压缩弹簧	与圆形截面圆柱螺旋压缩弹簧比较，储存能量大，压并高度低，压缩量大，因此被广泛用于发动机阀门机构、离合器和自动变速器等安装空间比较小的装置上
	圆柱螺旋拉伸弹簧	性能和特点与圆形截面圆柱螺旋压缩弹簧相同，主要用于承受拉伸载荷的场合，如联轴器过载安全装置中用的拉伸弹簧，以及棘轮机构中棘爪复位拉伸弹簧
	圆柱螺旋扭转弹簧	承受扭转载荷，主要用于压紧和储能，以及传动系统中的弹性环节，具有线型特性线，应用广泛，如用于测力计及强制气阀关闭机构
蝶形弹簧		承载缓冲和减振能力强。采用不同的组合可以得到不同的特性线。可用于压力安全阀、自动转换装置、复位装置、离合器等

续表

类　　型	性能与应用
平面蜗卷弹簧	发条主要用作储能元件。发条工作可靠、维护简单。被广泛应用于计时仪器和时控装置中，如钟表、记录仪器、家用电器等，作为动力源被用于机动玩具中
钢板弹簧	钢板弹簧是由多个弹簧片叠合组成。被广泛应用于汽车、拖拉机、火车中作悬挂装置，起缓冲和减振作用，也被应用于各种机械产品中作减振装置，具有较高的刚度
空气弹簧	空气弹簧是利用空气的可压缩性实现弹性作用的一种非金属弹簧。用在车辆悬挂装置中可以大大改善车辆的动力性能，从而显著提高其运行舒适度，所以空气弹簧在汽车和火车上得到了广泛应用

根据 GB/T 2089—2009 规定，普通圆柱螺旋压缩弹簧（两端圈并紧磨平或制扁）的标记由类型代号、规格、精度代号、旋向代号和标准号组成。

示例 1：YA 型弹簧，材料直径为 1.2mm，弹簧中径为 8mm，自由高度 40mm，精度等级为 2 级，左旋的两端圈并紧磨平的冷卷压缩弹簧的标记如下。

YA 1.2×8×40　左　GB/T 2089

示例 2：YB 型弹簧，材料直径为 30mm，弹簧中径为 160mm，自由高度 200mm，精度等级为 3 级，右旋的两端圈并紧制扁的热卷压缩弹簧的标记如下。

YB 30×160×200　GB/T 2089

8.11 行业标准件

广义标准件是有明确标准的机械零部件和元件，使用标准主要有中国国家标准（GB）、美国机械工程师协会标准（ANSI /ASME）等，日本（JIS）、德国（DIN）等标准也在世界上被广泛使用。标准化程度高、行业通用性强的机械零部件和元件，也被称为通用件。

行业标准件，这概念属于行业内约定俗成的说法，并没有明确规定。行业标准件常见的有夹具标准件、模具标准件、汽车标准件等。当一种产品在行业广泛通用，就是通用件；通用件标准通常由行业内领袖企业制定，并在行业内被广泛接受，这样的企业标准就成为了事实上的行业标准，符合标准的零部件也就可以被称作为行业标准件。模具标准件，目前模具行业标准化程度较高，具体有注塑模架、推杆推管、热流道模具等。汽车标准件的种类繁多，如火花塞、门锁、减震件、汽车紧固件等，具体见《汽车标准件手册》。一个行业越成熟，标准化、通用化程度越高，标准件就越多，行业成本就越低。但要避免过度标准化，导致行业产品种类单调，竞争低端化。

习题

8-1　试详述螺纹五要素有哪些？

8-2　说明螺纹代号的组成和含义，并举例说明。

8-3　说明下列标记的含义。

- 螺栓 GB/T 5780—2016 M10×40
- 螺母 GB/T 41—2000 M20
- 螺钉 GB/T 71—2018 M5×12

8-4 请自行查阅标准，写出下列标准件的某一个型号的标记。
双头螺柱、垫圈、普通平键、深沟球轴承、角接触球轴承。

8-5 请写出至少五种夹具标准件和模具标准件的标准号和标准名称，并说明用途。

第9章 标准的结构与编写规范

国家标准规定了标准的结构和内容编写要求,各个级别的标准在编写过程中,都应该参照执行。通过本章的学习,读者可以了解标准编写的基本要求和原则;了解标准的结构;掌握标准的主体要素;熟悉标准要素的表述及编写规则;了解与国际标准一致性程度划分的判定。

本章内容涉及的相关标准主要有:
- GB/T 1.1—2000《标准化工作导则 第1部分:标准的结构和编写规则》;
- GB/T 20000.2—2009《标准化工作指南 第2部分:采用国际标准》。

9.1 标准编写的基本要求和原则

9.1.1 标准编写的基本要求

标准编写应满足以下六个基本要求。

目标性——制定标准的目标是规定明确且无歧义的条款,以便促进贸易和交流。为此,标准应在其所规定的范围内力求完整;清楚、准确、相互协调;充分考虑最新技术水平;为未来技术发展提供框架;能被未参加标准编制的专业人员所理解。

统一性——包括结构统一、文体统一和术语统一。

协调性——标准与标准之间的内容相协调,与上级或同级标准之间相协调,与非本专业、非本部门标准之间相协调。

适用性——制定的标准要适用、好用、耐用,标准的内容应便于理解和实施,并且易于被其他的标准或文件所引用,使其达到适用性强的目的。

一致性——所制定的标准与国际标准有一致性要求,起草标准时就应该明确与国际标准是等同、修改或非等效的一致性关系,以便使用标准时清楚了解相关国际标准一致性情况。

规范性——标准在起草时应考虑结构内容的划分,如果标准要分为多个部分,则应预先确定各个部分的名称,在标准编写时规范语言、用词等,使标准达到规范的作用。

9.1.2 标准编写的原则

1)目的性原则

根据制定标准的目的,有针对性地选择标准中的规范性技术内容。目的是多方面的,如适用性目的;相互理解和交流的目的;保障健康、保证安全、保护环境或促进资源合理利用的目的；认证的目的；控制接口，实现互换性、兼容性或相互配合的目的；品种控制等。

2）性能原则（最大自由度原则、性能特性原则）

在标准中尽量用性能特性来表达要求，给技术发展留有最大的余地。以产品为例，性能特性是产品的使用功能，使用时才能显示出来。设计或描述特性是产品的具体特征，实物或图纸上可以显示出来。应尽可能保证性能特性优先。当然也需权衡利弊，以决定采取性能特性或描述特性表达要求。某些产品例外，需同时采取性能特性和描述特性表达要求。

3）可证实性原则（可检验性原则）

标准中应列入那些能被证实（检验）的要求。如：确定要求的依据，尚未证实的要求不应被列入标准，不需要证实的要求不必被列入标准，不便证实的要求不宜被列入标准；标准的要求应定量，并使用明确的数值（最大值、最小值或公差）表示，不应仅使用定性的表述；生产者的保证不能代替标准的要求。

9.2 标准的结构

9.2.1 标准内容的划分

标准内容划分的基本依据为：健康和安全要求，性能要求，维修和服务要求，安装规则；质量评定。每个标准化对象应编制一个独立的标准。对于篇幅过长、内容相互关联、可能被法规所引用和用于认证的标准可分为几个部分出版。单独的标准内容的划分如下。

1）根据要素的性质划分

规范性要素——声明符合标准时必须遵守的要素，只要符合了标准中的规范性要素，即认为符合了该项标准。

资料性要素——声明符合标准时无须遵守的要素，仅提供附加信息。

2）根据要素在标准中的位置来划分

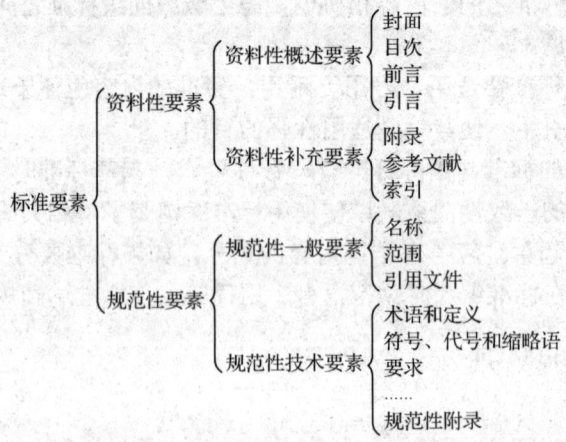

3）由要素的状态来划分

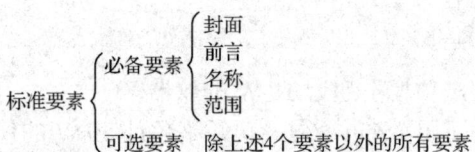

9.2.2 标准的层次

一项标准可能具有的层次的设置见表 9-1。

表 9-1 层次的设置

名称	编号示例	说明
部分	9999.1	1）部分和系列标准的区别： ——分部分出版的标准不是独立的标准，而是一项标准内的组成部分 ——系列标准是顺序号相连且内容互相关联的标准 2）部分的编号：由标准顺序号和部分编号组成，如 19000.2、19000.3 3）部分的名称： ——各部分的补充要素不同 ——补充要素前说明是第几部分（用阿拉伯数字表示）
章	3	1）从范围开始编号 2）每一章均应有标题
条	3.1 3.1.1	1）设置： ——一个层次中有两个或两个以上的条时才可设条 ——可以分到第五层，如 3.1.1.1.1.1、3.1.1.1.1.2 ——避免无标题条再分条 2）标题： ——第一层最好给出标题 ——同一章的各条（指同层次）有无标题应统一 ——不同章之间的各条有无标题不要求统一 ——可将无标题条首句中的关键术语或短语标为黑体
段	无编号	1）章或条的层次不需编号 2）避免出现悬置段
列项	字母编号 a)、b) 下一层次的数字编号 1)、2) 双连线—— 圆点·	1）列项应由一段后跟冒号的文字引出，见示例 2～示例 5 2）可用黑体字强调列项中的关键术语或短语
附录	A	1）识别：附录的编号（A/B）、附录的性质（规范性/资料性）、标题 2）章、图、表、数学公式的编号：章（A.1…）、图（图 A.1…）、表（表 A.1…）、数学公式（A.1…）

[示例 1]：

GB/T 26099.1—2010《机械产品三维建模通用规则　第 1 部分：通用要求》
GB/T 26099.2—2010《机械产品三维建模通用规则　第 2 部分：零件建模》
GB/T 26099.3—2010《机械产品三维建模通用规则　第 3 部分：装配建模》

GB/T 26099.4—2010《机械产品三维建模通用规则 第4部分：模型投影工程图》

［示例2］：
下列各类仪器不需要开关：
——在正常操作条件下，功耗不超过10 W的仪器；
——在任何故障条件下使用2 min，测得功耗不超过50 W的仪器；
——用于连续运转的仪器。

［示例3］：
仪器中的震动可能产生于：
● 转动部件的不平衡；
● 机座的轻微变形；
● 滚动轴承；
● 气动负载。

［示例4］：
图形标志与箭头符号的位置关系遵守以下规则。
图形标志与箭头采用横向排列：
（1）箭头指左向（含左上、左下）时，图形标志应位于右侧；
（2）箭头指右向（含右上、右下）时，图形标志应位于左侧；
（3）箭头指向上或向下时，图形标志宜位于右侧。
图形标志与箭头采用纵向排列：
（1）箭头指下向（含左下、右下）时，图形标志应位于上方；
（2）其他情况，图形标志宜位于下方。

［示例5］：
试验报告应包含以下内容：
（1）注明采用本标准；
（2）完整鉴别样品所需的所有细节；
（3）黏度测定结果，以mPa·s为单位。

9.3 标准的主体要素

9.3.1 封面

封面为必备的资料性要素，分为三个部分。
1）上部内容
分类号、备案号——包括国际标准分类号（ICS号）、中国标准文献分类号、备案号。
标准的类别级别和标志（代号）——国家标准（GB）、行业标准（××）、地方标准（DB ××/）、企业标准（Q/×××）。
标准的编号和代替标准号。

2）中部内容

a）中文名称

中文名称最多包括三个要素，即引导要素（表示标准所属的领域）、主体要素（表示所属领域的标准化对象）、补充要素（表示标准化对象的特定方面）。主体要素是必备要素，其余是可选要素。

中文名称的要素与要素之间空一字符隔开。例如：

"工业碳酸钠　水分含量的测定　重量法"

名称中应有表明与技术内容的关系的字眼。如规范、规程或指南。

b）英文译名

应尽量从相应国际标准的名称中选取，避免直译标准的中文名称。在采用国际标准时，应直接采用原标准的英文名称。

英文译名后可添加与国际标准一致性程度的标识，如等同（IDT），修改（MOD）和非等效（NEQ）。

3）下部内容

包括标准的发布、实施日期、标准的发布部门或单位。

9.3.2　目次

目次为可选择的资料性要素，起层次结构框架、引导阅读、检索的作用。目次中所列的内容及次序如下：

前言→引言→章的编号、标题→带有标题条的编号、标题（需要时才列出）→附录编号、附录性质（即在圆括号中注明"规范性附录"或"资料性附录"）、标题→附录章的编号、标题（需要时才列出）→附录条的编号、标题（需要时才列出，并且只能列出带有标题的条）→参考文献→索引→图的编号、图题（需要时才列出）→表的编号、表题（需要时才列出）。

9.3.3　前言

前言为必备的资料性要素，不应包含要求和推荐，也不应包含公式、图和表。前言编写的总体要求是言简意赅，主要包括标准结构的说明、标准编制所依据的起草规则、标准代替的全部或部分其他文件的说明、与相关文件（包括国际、国家、行业、地方、团体的标准或其他相关文件）关系的说明、有关专利的说明、标准的提出信息、标准的组织编写机构、标准的起草单位、主要起草人与标准历次版本发布情况。"前言"中不应有要求和推荐的信息，也不应有公式、图和表等内容。"前言"应视情况依次给出下列内容。

1）标准本身结构的说明

对于部分标准，在"前言"的第 1 部分中应该说明本部分标准的预计结构，并列出所有已经发布或计划发布的其他部分标准的名称，以保证读者了解部分标准的结构情况。

［示例］：（GB/T ×××××.1）

"GB/T ×××××《天然气　含硫化合物的测定》分为以下五个部分：

——第 1 部分：用碘量法测定硫化氢含量；

……

——第 5 部分：用氢解-速率计比色法测定总硫含量。

本部分为 GB/T ×××××的第 1 部分。"

2）标准编制所依据的标准（可选）

可以提及"本标准按照 GB/T 1.1—2009 给出的规则起草"。

3）代替标准

标准代替的全部或部分其他文件的说明。给出被代替的标准（含修改的）或其他文件的编号和名称，列出与前一版本相比的主要技术变化。说明的同时应列出所涉及的新、旧版本的有关章条。

4）与国际文件、国外文件关系的说明

可在前言中陈述与相应文件的关系。

5）有关专利的说明

凡可能涉及专利的标准，则应说明相关内容。

6）标准的提出信息（可省略）和归口信息

标准的提出宜为本标准的发布机构。如果标准由全国专业标准化技术委员会提出或归口，应在相应技术委员会名称之后给出其国内代号，并加圆括号。

7）标准的起草单位（可选）和主要起草人（可选）

团体标准的起草单位应是由该标准的发布机构确认的单位，一般应该是在本标准的起草与制定中有一定贡献的参与单位，参与单位的数量一般不限制。

团体标准的主要起草人应该是由标准的发布机构确认的个人，一般是指在本标准的起草和制定中有较大贡献的个人。

使用以下表述形式：

● 本标准起草单位：……。
● 本标准主要起草人：……。

8）所代替标准的历次版本发布情况

应尽量列出所代替标准历次版本的全部信息，例如：

"本标准于 1978 年 4 月首次发布，于 1982 年 7 月第一次修订，1988 年 9 月第二次修订，2008 年 12 月第三次修订。"

9.3.4 引言

引言为可选择的资料性要素，不应包含要求。在标准编制过程中，可以在"引言"中编写与本标准有关的编制原因与目的，以及与本标准有关的技术内容中特殊的相关信息或者有关的说明，这样更有利于帮助理解、贯彻与应用标准。

引言的编写位置位于标准前言之后；引言不应编号。当引言的内容需要分条时，应仅对条编号，编为 0.1、0.2 等。

9.3.5 范围

范围为必备的规范性一般要素，不应包含要求。

范围编写内容包括标准的对象（即标准的主题内容）；标准所涉及的方面（适用性）；标准或特定对象的适用界限，也可以包括不适用的界限；补充信息。

范围的陈述应使用下列表述形式：

本标准规定了……尺寸/方法/特征；
本标准适用于……；
本标准不适用于……。
[示例]：
1 范围
本标准规定了自动喷水灭火系统压力开关的术语和定义、型号编制、分类、要求、试验方法、检验规则、标志、包装、运输和贮存。
本标准适用于自动喷水灭火系统中压力开关。
本标准不适用于气体灭火系统的压力开关和易燃易爆场合下使用的防爆型压力开关。

9.3.6 引用文件

引用文件为可选要素。规范性引用文件应列出标准中规范性引用相关标准的清单，这些标准经过在本标准条文的引用后，成为本标准应用时必不可少的内容。

1）引用文件的分类及应用

规范性引用文件——指这些文件经过标准条文的引用后，成为标准应用时必不可少的文件。遵守标准的各项条款时必然包括遵守引用文件的条款。

资料性引用文件——指被引用的文件是标准的资料或信息，这些文件用于介绍标准或帮助理解标准，而不必被遵守或执行。如有需要，宜在"参考文献"中列出标准条款中出现的所有资料性引用文件。

2）引用文件的方式

注日期引用——注日期引用是指引用文件指定的版本，应列出版本号或年号及完整的标准名称。凡引用了文件中具体的章或条、附录、图或表的编号，均应注日期引用。对于注日期引用，如果标准中的引用文件有修改单，且涉及引用的内容，则标准也应发布相应的修改单，以便正常使用。

不注日期引用——不注日期引用是指引用文件的最新版本（包括所有的修改单），具体表述时不应给出版本号或年号。根据引用某文件的目的，在可接受该文件将来的所有改变时，才可不注日期引用文件。为此，引用完整的文件，或者不提及引用文件中的具体章或条、附录、图或表的编号。

3）标准中引用文件的表述

规范性引用文件清单应由下述引导语引出：

"下列文件对于本文件的应用是必不可少的。凡是注日期的引用文件，仅所注日期的版本适用于本文件。凡是不注日期的引用文件，其最新版本（包括所有的修改单）适用于本文件。"

9.3.7 术语和定义

术语和定义为可选择的规范性技术要素。术语和定义是帮助正确理解标准中某些术语所必需的定义。术语宜按照概念层级进行分类和编排，分类的结果和排列顺序应由术语的条目编号来明确，还应给每个术语一个条目编号。术语条目包括条目编号、术语、英文对应词（可选）、定义。根据需要可增加符号、概念的其他表述方式（如公式图、表等）、示例、注等。如果确有必要重复某术语已经标准化的定义，则应标明该定义出自的标准。如果不得不改写已经标准化的定义，则应加注说明。

标准中"术语和定义"一章应使用下列引导语："下列术语和定义适用于本文件""……界定的以及下列术语和定义适用于本文件""……界定的术语和定义适用于本文件"。

9.3.8 符号、代号和缩略语

符号、代号和缩略语为可选择的规范性技术要素，应给出正确理解标准所必需的符号、代号和缩略语。除非为了反映技术准则，需要以特定次序列出，所有符号、代号和缩略语宜按以下次序以字母顺序列出：大写字母在小写字母之前；无角标的字母在有角标的之前；拉丁字母在希腊字母之前；特殊符号在最后。

9.3.9 分类、标记和编码

分类、标记和编码为可选择的规范性技术要素，能够为产品、过程或服务等标准的编写和阅读提供方便。

9.3.10 要求

要求为可选择的规范性技术要素，应包含下述内容：
- 直接或以引用方式给出标准涉及的产品、过程或服务等方面的所有特性；
- 可量化特性所要求的极限值；
- 针对每个要求，引用测定或检验特性值的试验方法，或者直接规定试验方法。

9.3.11 附录

附录按其性质分为规范性附录和资料性附录。规范性附录是对标准正文的附加或补充条款，而资料性附录是给出有助于理解或使用标准的附加信息。
- 每个附录均应在标准正文的相关条文中被明确提及。附录的顺序应按在标准正文中提及的先后次序编排。
- 每个附录均应有编号，附录编号由"附录"和随后表明顺序的大写拉丁字母组成，字母从"A"开始，例如，"附录 A""附录 B""附录 C"……。只有一个附录时，仍应给出编号"附录 A"。附录编号下方应标明附录的性质，即"（规范性附录）"或"（资料性附录）"，再下方是附录标题。
- 每个附录中章、图、表和数学公式的编号均应重新从 1 开始，编号前应加上附录编号中表明顺序的大写字母，字母后跟下脚点。例如，附录 A 中的章用"A.1""A.2""A.3"等表示；图用"图 A.1""图 A.2""图 A.3"等表示；表用"表 A.1""表 A.2""表 A.3"等表示。

9.3.12 参考文献

参考文献为可选择的资料性要素。如果有参考文献，应该放置在最后一个附录之后。文献清单中每个参考文献前应在方括号中给出序号。

9.3.13 索引

索引为可选择的资料性要素。索引主要是为了方便查找标准中关键要素（如章、节、术语、图、表等）在标准中所在的编号和位置。如果有索引，则应将其作为标准的最后一个要素。

9.3.14 标准的终结线

编写标准时，在标准的最后一个要素之后，应有标准的终结线。标准的终结线为居中的粗实线，长度为版面宽度的四分之一。终结线应排在标准的最后一个要素之后，不应另起一面编排。

9.4 要素的表述及编写规则

9.4.1 条款表示所用的助动词

标准条款中所用的助动词是用于识别标准不同程度要求的词。条款表示所用的助动词见表9-2。

表9-2 条款表示所用的助动词

表达	助动词	特殊情况下使用的等效表述	含 义
要求[a]	应[b]	应该 只准许	满足标准要求的条件
	不应[c]	不得 不准许	
推荐	宜	推荐 建议	在几种可能性中被推荐的行动步骤，不提及也不排除其他可能性；或表示某个行动步骤是受到推荐或是首选的，但未必是所要求的，或（以否定形式）表示不赞成但也不禁止某种可能性或行动步骤
	不宜	不推荐 不建议	
允许	可[d]	可以 允许	在标准界限内所允许的行动步骤
	不必	无须 不需要	
能力和可能性	能[e]	能够	由材料的、生理的或某种原因导致的能力和可能性
	不能	不能够	
	可能[f]	有可能	
	不可能	没有可能	
[a] 为了表示直接的指示，例如，涉试验方法所采取的步骤，使用祈使句。示例："开启记录仪"			
[b] 不使用"必须"作为"应"的替代词（以避免将某标准的要求和客观的法定责任相混淆）			
[c] 不使用"不可"代替"不应"表示禁止			
[d] "可"是标准所表达的许可			
[e] "能"指主、客观原因导致的能力			
[f] "可能"指主客观原因导致的可能性			

9.4.2 提及标准本身的具体内容

(1) 规范性提及标准中的具体内容，应使用诸如下列的表述方式：

按第 3 章的要求；符合 3.1.1 给出的细节；按 3.1 b) 的规定；按 B.2 给出的要求；符合附录 C 的规定；见 3.1 的公式（3）；符合表 2 的尺寸系列。

(2) 资料性提及标准中的具体内容及标准中的资料性内容，应使用下列资料性的提及方式：

参见 4.2.1；相关信息参见附录 B；见表 2 的注；见 6.6.3 的示例 2；（参见表 B.2）；（参见图 3）。

9.4.3 图

在用图表达标准内容时，要遵守准确、规范和简明易懂的原则。每幅图在标准条文中均应被明确提及。应采用绘制形式的图，只有在确需连续色调的图片时，才可使用照片。应提供准确的制版用图，宜提供计算机制作的图。

每幅图应有一个编号，图的编号由"图"和从 1 开始阿拉伯数字组成，例如"图 1""图 2"等。标准中图的编号应连续，并与章、条和表的编号无关。图的编号从引言开始一直连续到附录之前。当只有一幅图时，仍应标为"图 1"。附录中图的编号，应在编号前加上表示附录编号的字母，字母后跟下脚点，每个附录中图的编号应重新从 1 开始，例如图 A.1、图 A.2 等。

每幅图都宜有图题，并置于图的编号之后。同一标准中有无图题应统一。图的编号和图题应置于图下方的居中位置。

图中字母符号、字体和说明、技术制图、简图和图形符号等应符合相关标准的规定。

9.4.4 表

编写标准时，宜用表时则使用表。每个表在条文叙述时均应被明确提及。不允许表中有表，也不允许将表再分为次级表。

每个表应有一个编号。表的编号由"表"和从 1 开始的阿拉伯数字组成，例如"表 1""表 2"等。标准中表的编号应连续，并与章、条和图的编号无关。表的编号从引言开始一直连续到附录之前。当标准只有一个表时，仍应标为"表 1"。附录中表的编号应在编号前加上表示附录编号的字母，字母后跟下脚点，每个附录中表的编号应重新从 1 开始，例如，附录 A 中的表标为表 A.1、表 A.2 等。

每个表都宜有表题，并置于表的编号之后。同一标准中有无表题应统一。表的编号和表题应置于表上方的居中位置。每个表应有表头。表栏中使用的单位一般应置于相应栏的表头中量的名称之下。

9.4.5 标准中的注

1) 条文的注、示例和条文的脚注

条文的注和示例的性质为资料性。在注和示例中应只给出有助于理解或使用标准的附加信息，不应包含要求或对于标准的应用是必不可少的信息。注和示例宜置于所涉及的章、条或段的下方。

条文的脚注的性质为资料性，应尽量少用。条文的脚注用于提供附加信息，不应包含要求或对于标准的应用是必不可少的信息。条文的脚注应位于相关页面的下边，并由一条位于页面左侧四分之一版面宽度的细实线将其与条文分开。

2）图注和图的脚注

图注不应包含要求或对于标准的应用是必不可少的信息。关于对图的内容的要求应在条文、图的脚注或图和图题之间的段中给出。图注的位置应在图题之上，并位于图的脚注之前。

图的脚注可以包含要求。图的脚注应置于图题之上，并紧跟图注。

3）表注和表的脚注

表注不应包含要求或对于标准的应用是必不可少的信息。关于表的内容的任何要求应在条文、表的脚注或表内的段中给出。表注应置于表中，并位于表的脚注之前。

表的脚注可包含要求。表的脚注应置于表中，并紧跟表注。

9.4.6 重要提示

特殊情况下，如果需要给标准使用者一个涉及整个文件内容的提示，以便引起使用者注意，可以在标准名称之后、要素"范围"之前，以"重要提示"或"警告"开头，用黑体字给出相关内容。

重要提示经常涉及人身安全或健康的内容，或者在涉及安全或健康的标准中给出。

9.5 采用国际标准

9.5.1 采用国际标准的定义

采用国际标准是指将国际标准的内容经过分析研究和试验验证，等同或修改转化为我国标准（包括国家标准、行业标准、地方标准和企业标准），并按我国标准审批发布程序审批发布。

国际标准是指国际标准化组织（ISO）、国际电工委员会（IEC）、国际电信联盟（ITU）这三大国际标准化组织制定的标准，以及 ISO 确认并公布的其他国际组织的标准。

采用国际标准的原则是：应符合我国有关法律、法规，遵循国际惯例；应以相应国际标准为基础；应尽可能等同采用的国际标准；应尽可能采用一个国际标准；应尽可能与相应国际标准的制定同步；应同我国的技术引进、企业的技术改造、新产品开发、老产品改进相结合；采标标准的制定、审批、发布、出版、组织实施和监督。

企业为了提高产品质量和技术水平，提高产品在国际市场上的竞争力，对于贸易需要的产品标准，如果没有相应的国际标准或国际标准不适用时，可以采用国外先进标准。

9.5.2 与国际标准一致性程度的划分

凡与国际文件存在一致性程度的正在起草的我国标准，如果对应的国际文件又规范性引用了其他国际文件，应按照 GB/T 20000.2—2009 的规定，视不同程度、不同情况编写。我国标准与国际标准一致性程度划分为三个类型，如表 9-3 所示。

表 9-3 与国际标准一致性程度的划分

一致性程度与代号	采用方法	含 义
等同 （indentical） IDT	翻译	a）国家标准与国际标准在技术内容和文本结构方面相同 b）可以包含 GB/T 20000.2—2009 的 4.2 条规定的少量编辑性修改 c）"反之亦然原则"适用
修改 （modified） MOD	重新起草	a）国家标准与国际标准之间存在技术性差异，这些差异及其产生的原因能被清楚地说明 b）国家标准在结构上与国际标准对应，或有结构调整但同时有清楚的比较 c）还可包括编辑性修改 d）"反之亦然原则"不适用
非等效 （not equivalent）NEQ	重新起草	国家标准与相应国际标准在技术内容和结构上不同，同时它们之间的差异也没有被清楚地标示

9.5.3 编写内容

与国际标准有一致性对应关系的我国标准应按 GB/T 1.1 的规定编写，封面、前言、规范性引用文件、参考文献等涉及国际标准之处，还应符合 GB/T 20000.2—2009 的规定。

1）封面

a）双编号

等同采用国际标准（仅指 ISO 或 IEC）的我国标准，应同时给出国际标准的编号（含标准代号、顺序号、年号），即双编号。例如：

GB/T ××××—××××/ ISO 14050:2008

b）与国际标准一致性程度的标示

与国际标准（包括 ISO、IEC 确认的其他国际组织的标准）有一致性对应关系的我国标准，在封面上的我国标准英文译名之下应标示一致性程度。

一致性程度标识由对应的国际标准编号（含代号、顺序号、年代号）、国际标准名称（使用英文）、一致性程度代号组成。如我国标准的英文译名与国际标准名称相同时，则不标出国际标准名称。

[示例 1]：（我国标准的英文译名与国际标准名称相同）

石油天然气工业 海洋结构的一般要求

Petroleum and natural gas industries - General requirements for offshore structures

（ISO 19900:2002，IDT）

[示例 2]：（我国标准的英文译名与国际标准名称不相同）

滚动轴承 钢球

Rolling bearings—Balls

（ISO 3290:1998，Rolling bearings—Balls—Dimensions and tolerances，NEQ）

2）前言

前言给出与国际文件、国外文件关系的说明。

3）规范性引用文件

凡与国际文件存在一致性程度的正在起草的我国标准，如果对应的国际文件又规范性引用了其他国际文件，应按照 GB/T 20000.2—2009 的规定，视不同程度、不同情况编写。

4）参考文献

国际标准提及的参考文献，可以用适用的我国标准代替，并列入参考文献清单。其中与国际文件有一致性对应关系的我国标准，可不标示与国际标准一致性程度。保留的参考文献中的国际文件名称，不必译成中文。

习题

9-1　标准中有哪些要素？并说明它们属于以下哪种类型：规范性要素或资料性要素；必备要素或可选要素？

9-2　标准中的层次如何划分？并举例说明。

9-3　前言可否包含要求？在前言应视情况依次给出哪些信息？

9-4　与国际标准一致性程度被划分成哪几种？并举例说明，写出标准的编号。

第10章 企业标准体系的内容、制定和实施

标准是知识产权的重要组成部分,构建完善的企业标准体系是企业提升竞争力和发展壮大的重要基石。通过本章的学习,读者可以了解企业标准体系的设计原则和流程;熟悉标准体系的结构;了解知识提取和应用的方法;了解标准制定和实施的方法与流程。

本章内容涉及的相关标准主要有:
- GB/T 15496—2017《企业标准体系　要求》;
- GB/T 15497—2003《企业标准体系　技术标准体系》;
- GB/T 15498—2003《企业标准体系　管理标准和工作标准体系》;
- GB/T 19273—2017《企业标准化工作　评价与改进》;
- GB/T 13016—2018《标准体系构建原则和要求》;
- GB/T 13017—2018《企业标准体系表编制指南》;
- GB/T 16733—1997 《国家标准制定程序的阶段划分及代码》;
- GB/T 35778—2017 《企业标准化工作　指南》。

10.1 企业标准体系

企业标准体系的制定有助于企业提高整体绩效,实现可持续发展,指导企业根据行业特征、企业特点构建适合企业战略规划、满足经营管理需要的标准体系,以及形成自我驱动的标准体系实施、评价和改进机制。企业标准体系是企业战略性决策的结果。企业标准体系的构建是企业顶层设计的内容。

10.1.1 构建企业标准的原则和方法

1) 有关术语和定义

体系(系统)——由相互作用和相互依赖的若干组成部分结合而成的具有特定功能的有机整体。系统可以指整个实体,系统的组件也可能是一个系统,此组件可称为子系统。

标准体系——一定范围内的标准按其内在联系形成的科学的有机整体。

标准体系表——一种标准体系模型,通常包括标准体系结构图、标准明细表,还可以包含标准统计表和编制说明。

企业标准体系——企业已实施及拟实施的标准按其内在联系形成的科学的有机整体。

企业标准体系表——一种描述企业标准体系的模型,通常包括企业标准体系结构图、标

准明细表,还可以包括标准统计表和编制说明。

产品实现标准体系——企业为满足顾客需求所执行的、规范产品实现全过程的标准按其内在联系形成的科学的有机整体。

基础保障标准体系——企业为保障企业生产、经营、管理的有序开展所执行的、以提高全要素生产率为目标的标准按其内在联系形成的科学的有机整体。

岗位标准体系——企业为实现基础保障标准体系和产品实现标准体系有效落地所执行的、以岗位作业为组成要素标准按其内在联系形成的科学的有机整体。

企业标准体系结构图——表达企业标准体系总体框架中标准的功能定位,以及与其他标准的相互关系。

标准明细表——将标准按一定形式排列起来。

2)设计理念和基本原则

a)设计理念

需求导向——以企业战略需求为导向,充分考虑企业内外部环境因素和相关方的需求与期望,以实现企业发展战略为根本目标,构建企业标准体系,并融入企业经营管理系统。

创新设计——企业可按照本标准进行企业标准体系的设计,也可在本标准的基础上,根据企业实际进行创新设计,构建系统、协调、适应企业发展战略和经营管理需要的企业标准体系。

系统管理——运用系统管理的原理和方法,识别企业生产、经营、管理全过程中相互关联、相互作用的标准化要素,建立企业标准体系,并与企业经营管理系统充分融合、相互协调,发挥系统效应,提高企业实现目标的有效性。

持续改进——采用"PDCA(策划—实施—检查—处置)"的循环管理模式,实现企业标准体系持续改进。以企业战略为导向,构建企业标准体系,并遵循"PDCA"理念和方法,实现系统管理和持续改进。企业标准体系系统模型如图10-1所示。

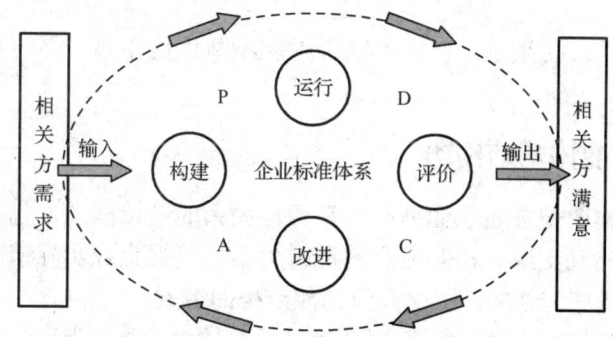

图10-1 企业标准体系系统模型

企业标准体系的"PDCA"循环是指:

P——根据相关方要求、期望外部环境及企业战略需要,进行企业标准体系的设计与构建;

D——运行企业标准体系;

C——根据目标及要求,对标准体系的运行情况进行检查、测量和评价,并报告结果;

A——必要时,对企业标准体系进行优化甚至创新,以改进实施绩效。

b)构建标准体系的基本原则

目标明确——标准体系为业务目标服务，构建标准体系应首先明确标准化目标。

全面成套——应围绕着标准体系的目标展开，体现在体系的整体性，即体系的子体系及子子体系的全面完整和标准明细表所列标准的全面完整。

层次适当——标准体系表应有恰当的层次。

划分清楚——标准体系表内的子体系或类别的划分，各子体系的范围和边界的确定，主要应按行业、专业或门类等标准化活动性质划分，而不宜按行政机构的管辖范围而划分。

3）构建标准体系的一般方法

a）确定标准化方针目标

在构建标准体系之前，应首先了解下列内容，以便于指导和统筹协调相关部门的标准体系构建工作：了解标准化所支撑的业务战略；明确标准体系建设的愿景、近期拟达到的目标；确定实现标准化目标的标准化方针或策略（实施策略）、指导思想、基本原则；确定标准体系的范围和边界。

b）调查研究

开展标准体系的调查研究，通常包括：标准体系建设的国内外情况；现有的标准化基础，包括已制定的标准和已开展的相关标准化研究项目和工作项目；存在的标准化相关问题；对标准体系的建设需求。

c）分析整理

根据标准体系建设的方针、目标及具体的标准化需求，借鉴国内外现有的标准体系的结构框架，从标准的类型、专业领域、级别、功能、业务的生命周期等若干不同标准化对象的角度，对标准体系进行分析，从而确定标准体系的结构关系。

d）编制标准体系表

编制标准体系表，通常包括：确定标准体系结构图、编制标准明细表、编写标准体系表编制说明。

e）动态维护更新

标准体系是一个动态的系统，在使用过程中应不断优化完善，并随着业务需求、技术发展的不断变化进行维护更新。

10.1.2 企业标准体系结构图

企业标准体系结构图是描述企业标准体系结构关系的逻辑框图，包括内外部相关环境，以及内部各子体系的相互支撑、相互配合的逻辑关系。根据企业实际情况，企业可相应采用功能结构、属性结构或序列结构。下面介绍功能结构的组成。

企业标准体系功能结构由产品实现/服务提供标准体系、基础保障标准体系和岗位标准体系三个子体系组成，企业标准体系功能结构如图10-2所示。

1）产品实现/服务提供标准体系

产品实现/服务提供标准体系一般包括产品标准、设计和开发标准、生产/服务提供标准、营销标准、售后/交付后标准等子体系。

产品标准子体系由各个产品标准组成。可包括但不限于：企业声明执行的国家标准、行业标准、地方标准或团体标准；企业声明执行的企业产品和服务标准；为保证和提高产品质量，制定的严于国家标准的行业标准、地方标准、团体标准或企业产品和服务标准；作为内部质量控制的企业产品和服务内控标准；与顾客约定执行的技术要求或其他标准。

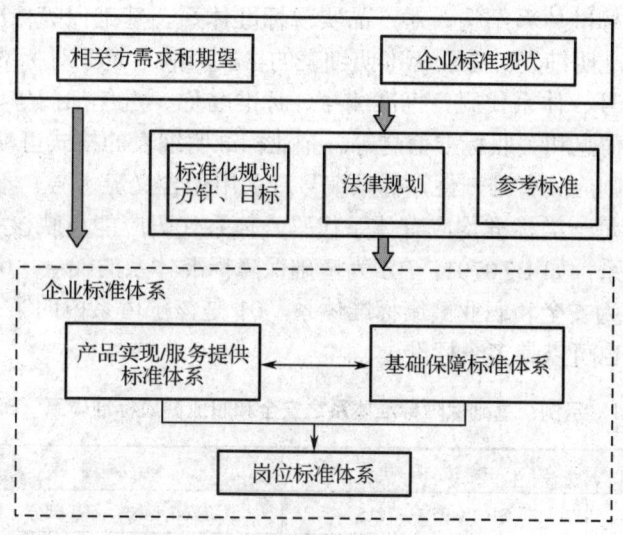

图 10-2 企业标准体系功能结构

设计和开发标准子体系包括：产品决策标准、产品设计标准、产品试制标准、产品定型标准、设计改进标准等。

生产/服务提供标准子体系包括：生产/服务提供计划标准，采购标准，工艺/服务提供标准，监视、测量和检验标准，不合格控制标准，标识标准，包装标准，贮存标准，运输标准和产品交付标准等。

营销标准子体系包括：营销策划标准和产品销售标准等。

售后/交付后标准子体系包括：维保服务标准、三包服务标准、售后/交付后技术支持标准、售后/交付后信息控制标准与产品召回和回收再用标准等。

2）基础保障标准体系

基础保障标准体系一般包括规划计划和企业文化标准、标准化工作标准、人力资源标准、财务和审计标准、设备设施标准、质量管理标准、安全和职业健康标准、环境保护和能源管理标准、法务和合同管理标准、知识管理和信息标准、行政事务和综合标准等子体系。

基础保障标准体系应以保证企业产品实现有序开展为前提进行设计，以生产、经营和管理活动中的保障事项为要素。

3）岗位标准体系

岗位标准体系一般包括决策层标准、管理层标准和操作人员标准的三个子体系。

岗位标准体系应完整、齐全，每个岗位都应有岗位标准。岗位标准宜由岗位业务领导（指导）部门或岗位所在部门编制，并以基础保障标准和产品实现标准为依据。

岗位标准一般以作业指导书操作规范、员工手册等形式体现，可以是书面文本、图表、多媒体，也可以是计算机软件化工作指令，其内容可包括但不限于：职责权限、工作范围、作业流程、作业规范、周期工作事项、条件触发的工作事项。

10.1.3 企业标准明细表

企业应根据企业标准体系结构，对产品实现标准体系、基础保障标准体系和岗位标准体系编制对应的企业标准明细表。企业标准明细表的格式应满足企业对标准的管理和运用需要，其表头一般包括：序号、体系代码、标准编号、标准名称、责任部门等内容，也可包括编制该项标准的依据文件信息和关联标准信息等。企业标准明细表的格式可参考表10-1的示例。

企业标准编号规则应具有唯一性，标准编号宜采用无含义流水号，不与体系代码相关联。

标准明细表中的每一类标准均应有体系代码。体系代码应能反映该标准在体系内的位置及其与其他标准的关系，如BZ0701，BZ为基础保障标准体系的代号，07是基础保障标准体系的第7个子体系，为安全和职业健康标准体系，01是该子体系内的第1类安全标准，每一类可以是一个标准，也可以是多个标准。

表10-1 示例：基础保障标准体系之安全和职业健康标准体系（BZ07）

序号	体系代码	标准编号	标准名称	责任部门
1	BZ0701	GB 13495.1—2015	消防安全标志 第1部分：标志	办公室
2	BZ0701	Q/××××—××××	消防安全管理规范	办公室
3	BZ0701	Q/××××—××××	应急预案管理办法	办公室
……	……	……	……	……
10	BZ0702	Q/××××—××××	职业健康管理办法	办公室
……	……	……	……	……

10.2 产品设计知识的获取和应用

为了进行编制标准，首先要获取知识，把知识存储在计算机中，并形成知识库，然后运用它们来解题。

10.2.1 产品设计知识的获取

在建立一个具体的知识库时，人们往往要花很多人力和财力在知识获取方面，它被公认是知识处理的一个"瓶颈"。知识获取要研究的主要问题包括：对专家或书本知识的理解、认识、选择、抽取、汇集、分类和组织的方法；从已有的知识和实例中产生新知识，包括从外界学习新知识的机理和方法；检查或保持已获取知识集合的一致性（或无矛盾性）和完全性约束的方法；尽量保证已获取的知识集合无冗余的方法。减速器作为典型的机械产品，结构紧凑完整、零件数少、设计过程完整，适宜作为提取产品设计知识的样例。

1）样例简介

减速器是原动机和工作机之间的独立的闭式传动装置，用来降低转速和增大转矩，以满足工作需要。减速器主要由传动零件（齿轮或蜗杆）、轴、轴承、箱体及其附件所组成。其基本结构有三大部分：齿轮、轴及轴承组合，箱体，减速器附件。

2）设计依据

选用减速器时，需要收集的原始资料和数据有：

原动机的类型、规格、转速、功率（或转矩）、启动特性、短时过载能力、转动惯量等；工作机械的类型、规格、用途、转速、功率（或转矩）；原动机、工作机与减速器的连接方式，轴上是否有径向力及轴向力；安装形式（减速器与原动机、工作机的相对位置、立式、卧式）。

传动比及其允许误差；对尺寸及重量的要求；对使用寿命、安全程度和可靠性的要求；环境温度、灰尘浓度、气流速度和酸碱度等环境条件；润滑与冷却条件（是否有循环水、润滑站），以及对振动、噪声的限制；对操作、控制的要求；材料、毛坯、标准件来源和库存情况；制造厂的制造能力；对批量、成本和价格的要求；交货期限。

上述前部分是必备条件，其他方面可按常规设计。以下为设计条件的实例。

设计用于带式运输机上的单级直齿圆柱齿轮减速器。带式运输机传动装置简图如图 10-3 所示，原始数据见表 10-2，运输机连续工作，单向运转载荷变化不大，空载启动。减速器小批量生产，使用期限为 8 年，两班制工作，卷筒（不包括其轴承）传动效率为 97%，运输带允许速度误差为±5%。

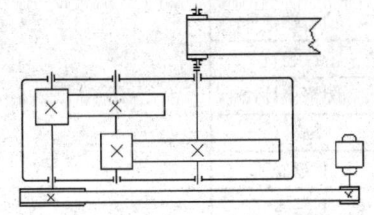

图 10-3 带式运输机传动装置简图

表 10-2 原始数据

运输带工作拉力 F/N	1200
运输带工作速度 V/（m·s^{-1}）	1.7
卷筒直径 D/mm	270

3）设计流程

在认真研究设计任务书的基础上，明确设计要求和条件，在学习减速器参考资料的基础上，着手减速器的设计。整个设计流程如图 10-4 所示，由方案设计、数据计算、校核，到结构设计、模型和图纸设计等。在设计流程中的每个环节，整理相关的数据资料，细化设计步骤，逐步量化和细化，形成设计规范，进而编制设计标准。

10.2.2 知识的表示和处理

要将知识告诉计算机或在其间进行传递，必须将知识以某种形式逻辑地表示出来，并最终编码到计算机中去，这就是所谓的知识的表示。不同的知识需要用不同的形式和方法来表示。

一个问题能否有合适的知识表示方法往往成为知识处理（解题）成败的关键。而且知识表示的好坏对知识处理的效率和应用范围影响很大，对知识获取和学习机制的研究也有直接影响。知识的表示方法很多，例如，谓词逻辑表示、关系表示（或称特性表表示）、框架表示、产生式表示、规则表示、语义网表示、与或图表示、过程表示、Petri 网表示、H 网表示、面向对象表示，以及包含以上多种方法的混合或集成表示等。这些表示方法适用于表示多种不同的知识，从而被用于多种应用领域。

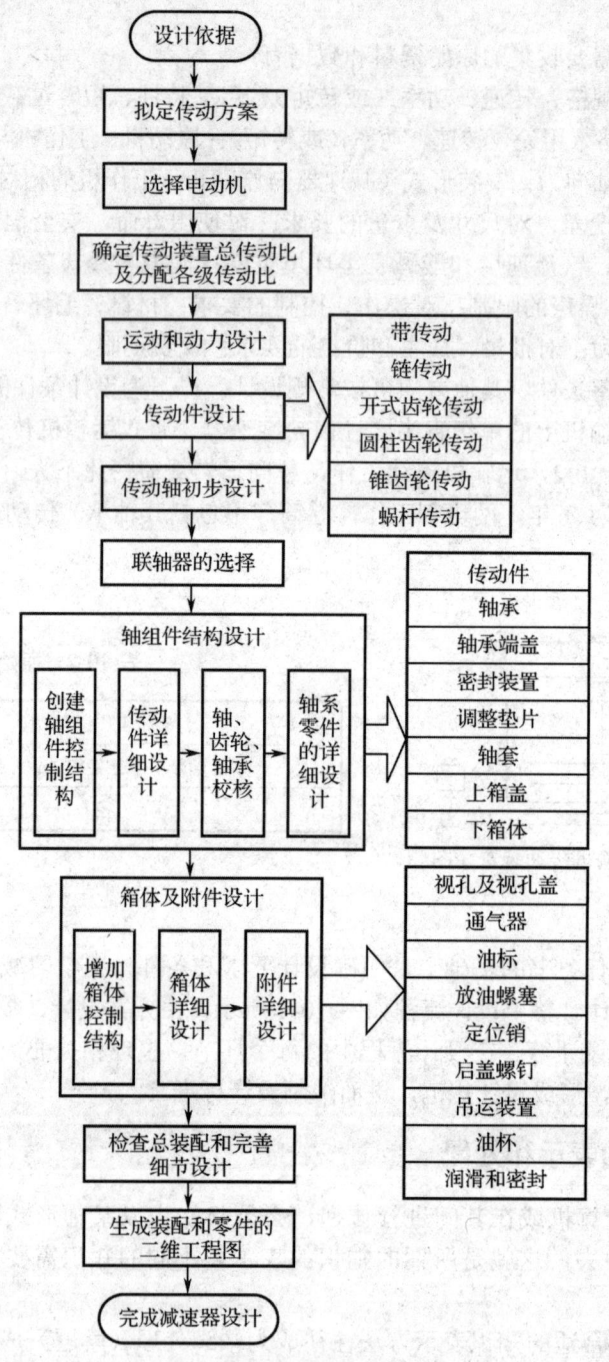

图 10-4 减速器设计流程

为了让已有的知识产生各种效益,使它对外部世界产生影响和作用,必须研究如何运用知识的问题。运用知识来设计机器、建造水坝、推断未来、探索未知、管理社会,乃至运用知识来作曲、绘画或写文章等都是用知识来解决问题和改造世界的活动。

显然,知识处理学是研究上述各种具体知识运用中用到的一些方法(或模式)。它们主要包括推理、搜索、知识的管理及维护、匹配和识别。推理指各种推理的方法与模式的研究。

研究前提与结论之间的各种逻辑关系及真度或置信度的传递规则等。搜索指各种搜索方式与研究方法。研究如何从一个浩瀚的对象（包括知识本身）空间中搜索（或探索）满足给定条件或要求的特定对象。知识的管理及维护包括对知识库的各种操作（如检索、增加、修改或删除），以保证知识库中知识的一致性和完整性等的方法和技术。匹配和识别指在数据库或其他对象集合中，找出一个或多个与给定"模板"匹配的数据或对象的原理和方法，以及在仅有不完全的信息或知识的环境下，识别各种对象的原理与方法。

10.2.3 标准的信息化——二次开发技术

1）NX 二次开发技术

Open Grip——提供了最简单的解释性语言，类似于 AutoCAD 的 Lisp，可以绘制绝大多数曲线，具备实体 CAD 操作功能，生成的文件可以被用 UI Styler 二次开发的.men 文件调用，也可被 Open API（C 语言）或者 Open C++调用。

Open API——也叫 Open C，是 NX UG 的一个 C 语言函数库，将相似功能的函数放在同一个头文件中，只要被.c 文件包含（#include）就能使用，编译后生成 dll 文件，这种 dll 文件可以直接由 3 种方式调用：通过.men 调用，需要写在.men 文件中；通过用 UI Styler 二次开发的对话框.dlg 中的按钮响应函数来调用；通过 Open Grip 函数调用。Open C，是最强大的二次开发工具，可以实现草图、三维实体曲面、产品装配、汽车模块、模具模块、知识工程（Knowledge fusion）、CAM 加工、有限元 FEM、数据库操作等所有功能的二次开发。

Open C++——与 Open C 类似，只是函数库为 C++类库的形式，可以用 C 面向过程或者 C++面向对象的方法来编写和调用。

UI Styler——用于二次开发扩展的菜单命令、对话框、界面，生成的.men 和.dlg 文件可以调用上述二次开发语言编写的可执行代码。

Tooling Language——NX UG 自己提供的一种工具说明性语言，多用于 Genius 设备刀具管理和 Postbuilder CAM 后置处理器，一般情况下，不需要做任何修改，以 Postbuilder 为例，在这个用 Java 编写的跨平台工具中，机床类型、主轴、机床各轴、进给率、刀具描述等都已经由 Java 生成的工具语言完成。在 Postbuilder 窗口中的任何可视化修改，都会自动修改这些工具语言。有经验的用户或第三方也可以自己修改这些工具。

2）示例：齿轮的参数化设计流程

齿轮参数化设计的基本过程：

a）开始菜单——是 NX UG/Open MenuScript 程序的具体实现，主要功能是定义本系统的开始菜单。

b）系统界面——是利用 NX UG/Open UIStyler 模块开发出来的，主要用来定义齿轮参数化设计所需的变量。

c）NX UG/Open API 接口——在设计齿轮时，系统通过接口函数来访问齿轮对象模型。

d）齿轮实体生成——该部分是本系统的主要模块，利用接口函数读取界面变量，通过更新 Expression 表达式中相应变量的值能够驱动 UG/NX 软件生成新的齿轮实体。

10.3 标准的制定与实施

10.3.1 标准的制定原则和范围

制定、修订企业标准应遵守的原则有：需求导向；合规性；系统性；适用性；效能性；全员参与；持续改进。

在以下几种情况下需要制定企业标准：

a) 没有相应或适用的国家标准、行业标准、地方标准、团体标准时制定的产品/服务标准。

b) 为满足相关方需求制定的产品实现标准。

c) 为支持产品实现或服务提供而制定的基础保障标准。

d) 为支撑产品实现标准和保障标准的实施而制定的岗位标准，以及满足生产、经营、管理的其他标准。

10.3.2 标准的制定程序

结合《国家标准管理办法》对国家标准的计划、编制、审批发布和复审等程序的具体要求，我国国家标准制定程序分为 9 个阶段，包括预阶段、立项阶段、起草阶段、征求意见阶段、审查阶段、批准阶段、出版阶段、复审阶段、废止阶段。其他的行业标准、地方标准、团体标准和企业标准可以参考使用。企业标准的制（修）定程序一般分为立项、起草草案、征求意见、审查、批准、复审和废止七个阶段。

a) 预阶段——预阶段是标准计划项目建议的提出阶段，全国专业标准化技术委员会（以下简称技术委员会）或部门收到新工作项目提案后，经过研究和论证，提出新工作项目建议，并上报国务院标准化主管部门（国家标准化管理委员会）。

b) 立项阶段——国务院标准化行政主管部门收到国家标准新工作项目建议后，对上报的项目建议统一汇总、审查、协调、确认，并下达《国家标准制修订计划项目》。企业对需要制（修）定的标准进行立项，制订计划、配备资源。

c) 起草阶段——技术委员会收到新工作项目计划后，落实计划，组织项目的实施，由标准起草工作组完成标准征求意见稿。企业对收集的资料进行整理、分析，必要时进行试验、验证，然后起草标准草案。

d) 征求意见阶段——标准起草工作组将标准征求意见稿发往有关单位征求意见，经过收集、整理回函意见，提出征求意见汇总处理表，完成标准送审稿。企业可将标准草案发给企业有关部门（必要时发企业外有关单位，如用户、检验机构等）征求意见。

e) 审查阶段——技术委员会收到标准起草工作组完成的标准送审稿后，经过会审或函审，最终完成标准报批稿。企业可采取会议或函件形式审查标准送审稿。

f) 批准阶段——国务院有关行政主管部门、国务院标准化行政主管部门对收到的标准报批稿进行审核，对不符合报批要求的，退回有关起草单位进行完善，最终由国家标准化行政主管部门批准发布。标准送审稿被审查后，企业需根据审查意见进行修改，编写标准报批稿，准备报批需呈交的相关文件资料，报企业法定代表人或授权人批准、发布。企业产品标准应

第10章 企业标准体系的内容、制定和实施

在发布后的 30 日内，报当地政府标准化行政主管部门和有关行政主管部门备案。具体备案要求按各省、自治区、直辖市人民政府标准化行政主管部门的规定办理。

g）出版阶段——国家标准出版机构对标准进行编辑出版，向社会提供标准出版物。企业标准不一定需要出版。

h）复审阶段——国家标准实施后，根据科学技术的发展和经济建设的需要适时进行复审，复审周期一般不超过 5 年。复审后，对不需要修改的国家标准确认其继续有效，对需要修改的国家标准可作为修订项目申报，列入国家标准修订计划。对已无存在必要的国家标准，由技术委员会或部门提出该国家标准的废止建议。企业标准的复审周期一般不超过三年；当外部或企业内部运行条件发生变化时，应及时对企业标准进行复审。复审的结论包括继续有效、修订和废止三种。

i）废止阶段——对无存在必要的国家标准，由国务院标准化行政主管部门予以废止。对于废止的企业标准，应及时收回，不再执行。

10.3.3 实施标准、监督检查和自我评价

1）实施标准的基本原则

实施标准是一项有计划、有组织、有措施的贯彻执行标准的活动，是将标准贯彻到企业生产技术、经营、管理工作中去的过程。实施标准的基本原则包括：实施标准必须符合国家法律、法规的有关规定；国家标准、行业标准和地方标准中的强制性标准和强制性条款，企业必须严格执行；不符合强制性标准的产品，禁止生产、销售和进口；推荐性标准，企业一经采用，应严格执行；纳入企业标准体系的标准都应严格执行；出口产品的技术要求，依照进口国（地区）的法律、法规、技术标准或合同约定执行。

2）实施标准的方法

直接采用——即对标准的内容不加任何修改地直接、全面实施。一般对企业适用的强制性标准或一些基础标准，都应该直接采用。

部分选用——对有些标准，企业实施时应该选择适用于企业的部分内容/条文实施。即使是强制性的国家/行业标准，也可以根据具体情况部分选用并实施。

补充细化——企业在实施国家/行业标准时，经常发现由于它们的适用范围大，标准中的很多内容规定往往比较抽象，为此企业在实施时，必须采取补充细化的方法。

配套实施——实施某项标准，要同时实施相关的配套标准。如实施产品标准时，需配套实施产品的原料标准、半成品标准、检验方法标准和包装标准等。

提高实施——企业为了提高其产品在市场的竞争能力，应制定和实施严于国家标准、行业标准的企业标准，提高产品质量参数的部分指标，在市场竞争中保持优势地位。

3）实施标准的程序

制定实施标准计划——应将实施标准的工作列入企业计划，规定有关部门应承担的任务和完成时间。实施标准的计划包括：实施标准的方式、内容、步骤、负责人员、起止时间、应达到的要求。

实施标准的准备——实施标准的准备包括：明确相应的机构，负责实施标准的组织协调；向有关人员宣传、讲解标准；进行技术准备，必要时进行技术攻关或技术改造；进行物资准备，为实施标准提供必要的资源。

实施标准——依据产品实现/服务提供标准、基础保障标准和岗位标准的不同要求和特点，在做好准备工作的基础上，由各部门分别组织实施有关标准。企业各有关部门应严格实施标准。企业在贯彻实施国家标准、行业标准和地方标准中遇到的问题，应及时与标准批准发布部门或标准起草单位沟通。

4）监督检查

监督检查内容至少包括：实施标准的资源与标准实施条件的符合情况；关键点各项控制措施的完备情况；员工对标准的掌握程度；岗位人员作业过程与标准的符合情况；作业活动产生的结果与标准的符合情况。监督检查可采取定期检查或不定期检查、重点检查或普遍检查等形式开展监督检查，也可与其他管理体系的内、外部审核相结合。

5）自我评价

企业应对其建立的标准体系是否符合相关标准的要求，以及标准体系运行的有效性和效率进行评审。企业标准体系的评价主要由企业组织进行自我评价，也可向当地标准化管理部门申请社会确认。

习题

10-1　请说明构建企业标准体系的一般方法。

10-2　请详细说明企业标准体系的功能结构。

10-3　试以减速器为例，说明产品设计知识的提取方法。

10-4　试说明标准实施的方法和程序。

参考文献

[1] 周兆元,李翔英. 互换性与测量技术[M]. 4版. 北京:机械工业出版社,2018.
[2] 张秀娟. 互换性与测量技术基础[M]. 北京:清华大学出版社,2013.
[3] 杨东拜. 三维设计制图与文件管理[M]. 北京:中国标准出版社,2017.
[4] 杨东拜. 团体标准化实务[M]. 北京:中国标准出版社,2017.
[5] 张秀娟. 互换性与测量技术基础[M]. 北京:清华大学出版社,2013.
[6] 冯立艳. 机械设计课程设计[M]. 5版. 北京:机械工业出版社,2016.
[7] 朱文坚. 机械设计课程设计[M]. 3版. 北京:清华大学出版社,2016.
[8] 王长春等. 互换性与测量技术基础:3D版[M]. 北京:机械工业出版社,2018.
[9] 王伯平. 互换性与测量技术基础[M]. 4版. 北京:机械工业出版社,2013.
[10] 孙开元. 机械制图新标准解读及画法示例[M]. 3版. 北京:化学工业出版社,2013.
[11] 李春燕. PMI技术与三维标注[M]. 北京:电子工业出版社,2015.
[12] 张琳娜. 机械精度设计与检测标准应用手册[M]. 北京:化学工业出版社,2014.
[13] 舒辉. 标准化管理[M]. 北京:北京大学出版社,2016.